电波传播与频谱管理

何　恒　编著

西北工業大學出版社

【内容简介】 本书分6章，主要介绍了有关电波传播与频谱管理技术的基本理论。电波传播部分涵盖了天线基本原理、天线的特性参数、偶极子天线、天线阵、镜像原理、互易定理，同时介绍了三种基本的电波传播模式——空间波、天波和地表面波，以及常用的几种基本电波传播模型。此外，还介绍了流星余迹通信中的电波传播问题；频谱管理部分介绍了频率划分、电磁监测和频谱接入技术等频谱管理领域中偏重技术性的一些问题。

本书适合作为大学弱电类专业天线与电波传播课程的教材，也可作为研究生的学习参考书和广大工程技术人员的参考书。

图书在版编目(CIP)数据

电波传播与频谱管理/何恒编著．—西安：西北工业大学出版社，2011.12
ISBN 978-7-5612-3242-2

Ⅰ．①电… Ⅱ．①何… Ⅲ．①电波传播②无线电技术—频谱 Ⅳ．①TN011②TN014

中国版本图书馆CIP数据核字(2011)第242999号

出版发行：西北工业大学出版社
通信地址：西安市友谊西路127号　　邮编：710072
电　　话：(029)88493844　88491757
网　　址：www.nwpup.com
印 刷 者：陕西宝石兰印务有限责任公司
开　　本：787 mm×1 092 mm　1/16
印　　张：8.75
字　　数：208千字
版　　次：2011年12月第1版　　2011年12月第1次印刷
定　　价：19.00元

前　言

随着信息技术的广泛应用，电磁空间逐步被人们重视起来。电磁空间在军事上成为继陆、海、空、天战场之后的“第五维战场”。现代武器系统大量应用电子设备和系统，电磁空间已经成为敌对双方围绕电磁优势和信息主导权，凭借电磁信号和电磁能量进行激烈争夺的战场空间。未来信息化条件下作战，敌对双方为削弱、破坏敌方电子设备的使用效能，保障己方电子设备发挥威力，将投入大量电子战设备，其在电磁空间实施的侦察、干扰、摧毁和防御等活动，将使作战空间的复杂性急剧增加，并由此决定作战的成败。此外，频谱资源的有限性，也使电磁空间在世界范围内的争夺愈演愈烈。

发展中国家由于电磁空间的开发与应用技术均处于落后地位，频谱资源的利用处处受到挤压和制约，甚至难得占有一席之地。如何摆脱被动，已经成为这些国家维护本国电磁空间安全所必须面对的严峻挑战。电磁空间是一个全新的课题，牵涉面广，内容复杂，对它的研究极具挑战性。为了使相关人才的培养更有成效，应当借鉴以往的科学研究范式，引入科学的研究方法，针对受众的电磁空间认知水平，形成包括天线基本理论、电波传播理论、频谱应用技术在内的电磁空间理论体系，以便为电磁空间中的实践活动提供科学的理论指导。本书以电波传播与频谱管理为切入点，专门介绍电磁空间基本理论和应用问题，适合少学时课程的教学。

本书充分兼顾工科专业学生的特点，基本概念叙述清楚，数学推导思路清晰，克服学习的各个知识难点，使学生理解起来更加容易。同时也考虑实际应用问题，以便增强学生的学习兴趣和自信心。

本书主要内容包括天线基础知识、自由空间波传播、天波传播、地面波传播、频率划分与电磁监测、频谱管理技术等。本书适合通信、电子、电气类及相关专业的本科生使用，也可供研究生或有关专业人员参考。

本书内容安排和叙述上有以下特点：

(1) 内容安排合理得当，基本概念叙述清楚，数学推导思路清晰，符合学生的认知和学习规律。对天线相关内容作了精简，对电波传播的一些特殊形式进行了深入探讨，对频谱接入技术的一些新趋势进行了展望。

(2) 克服学习的各个知识难点，这些难点包括学生的数学和电磁学预备知识的不足等，因此本书在强调概念的同时尽量给出推导过程，考虑到教材的篇幅问题，有些推导过程在教材中是没有的，但不影响对内容的理解。

(3) 协调好本书的内容，循序渐进，由浅入深，同时本书各章相互呼应，这样做的目的就是使学生逐步建立对电磁空间理论体系的认知。

(4) 给出了一些实际应用问题，以便增强学生分析问题和解决问题的能力，同时会增加学生学习的兴趣和自信心。

在本书编写的过程中笔者得到了教研室其他老师的帮助，他们提供了宝贵的信息、资料和建议，谨向他们及所参阅国内、外相关教材和文献的各位作者一并表示真诚的感谢。

由于时间和水平所限，本书难免存在缺点和错误，欢迎广大读者批评指正。

编著者

2011 年 9 月

目　录

第一章 天线基础知识

第一节 基本振子的辐射

尽管各类天线的结构、特性各有不同，但是分析它们的基础都建立在电、磁基本振子的辐射机理上。电、磁基本振子作为最基本的辐射源，它们的基本性质已在“电磁场”课程中作过介绍。为了本书的系统性，此处再给予简要的回顾。

一、电基本振子的辐射

电基本振子(Electric Short Dipole)又称电流元，它是指一段理想的高频电流直导线(见图1-1-1)，其长度 l 远小于波长 λ，其半径 a 远小于 l，同时振子沿线的电流 I 处处等幅同相。用这样的电流元可以构成实际的更复杂的天线，因而电基本振子的辐射特性是研究更复杂天线辐射特性的基础。

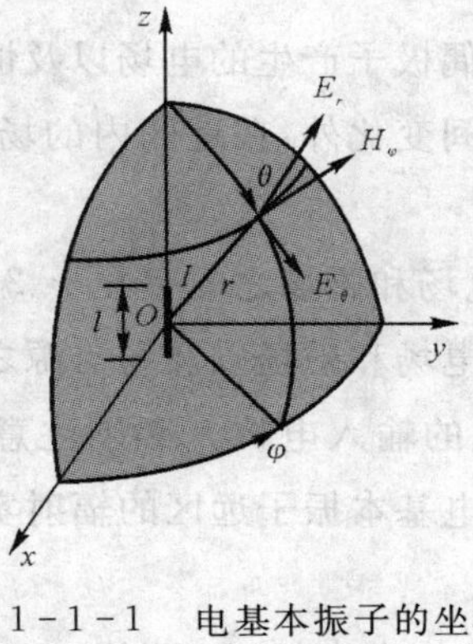

图 1-1-1 电基本振子的坐标

如图 1-1-1 所示，在电磁场理论中，已给出了在球坐标系原点 O 沿 z 轴放置的电基本振子在无限大自由空间中场强的表达式为

$$\left.\begin{aligned}
H_r &= 0 \\
H_\theta &= 0 \\
H_\varphi &= \frac{Il}{4\pi}\sin\theta\left(\mathrm{j}\frac{k}{r}+\frac{1}{r^2}\right)\mathrm{e}^{-\mathrm{j}kr} \\
E_r &= \frac{Il}{4\pi}\frac{2}{\omega\varepsilon_0}\cos\theta\left(\frac{k}{r^2}-\mathrm{j}\frac{1}{r^3}\right)\mathrm{e}^{-\mathrm{j}kr} \\
E_\theta &= \frac{Il}{4\pi}\frac{1}{\omega\varepsilon_0}A\sin\theta\left(\mathrm{j}\frac{k^2}{r}+\frac{k}{r^2}-\mathrm{j}\frac{1}{r^3}\right)\mathrm{e}^{-\mathrm{j}kr} \\
E_\varphi &= 0
\end{aligned}\right\} \tag{1-1-1}$$

$$\left.\begin{aligned}\boldsymbol{E}&=E_r\boldsymbol{e}_r+E_\theta\boldsymbol{e}_\theta\\ \boldsymbol{H}&=H_\varphi\boldsymbol{e}_\varphi\end{aligned}\right\}\tag{1-1-2}$$

式中，$\boldsymbol{E}$ 为电场强度，单位为 V/m；$\boldsymbol{H}$ 为磁场强度，单位为 A/m；场强的下标 r,θ,φ 表示球坐标系中矢量的各分量；$\boldsymbol{e}_r,\boldsymbol{e}_\theta,\boldsymbol{e}_\varphi$ 分别为球坐标系中沿 r,θ,φ 增大方向的单位矢量；$\varepsilon_0=8.854\,187\,817\cdots\times10^{-12}\ \text{F/m}\approx\dfrac{1}{36\pi}\times10^{-9}\ \text{F/m}$，为自由空间的介电常数；$\mu_0=4\pi\times10^{-7}(\text{H/m})$，为自由空间磁导率；$k=\omega\sqrt{\mu_0\varepsilon_0}=2\pi/\lambda$，为自由空间相移常数；$\lambda$ 为自由空间波长。式中略去了时间因子 $e^{j\omega t}$。

1. 近区场

$kr\ll1$（即 $r\ll\lambda/(2\pi)$）的区域称为近区，此区域内 $1/kr\ll1/(kr)^2\ll1/(kr)^3$，因此忽略式(1-1-1)中的 $1/r$ 项，并且认为 $e^{-jkr}\approx1$，电基本振子的近区场表达式为

$$\left.\begin{aligned}H_\varphi&=\frac{Il}{4\pi r^2}\sin\theta\\ E_r&=-j\,\frac{Il}{4\pi r^3}\,\frac{2}{\omega\varepsilon_0}\cos\theta\\ E_\theta&=-j\,\frac{Il}{4\pi r^3}\,\frac{2}{\omega\varepsilon_0}\sin\theta\\ E_\varphi&=H_r=H_\theta=0\end{aligned}\right\}\tag{1-1-3}$$

将式(1-1-3)和静电场中电偶极子产生的电场以及恒定电流产生的磁场作比较，可以发现，除了电基本振子的电磁场随时间变化外，在近区内的场振幅表达式完全相同，故近区场也称为似稳场或准静态场。

近区场的另一个重要特点是电场和磁场之间存在 $\pi/2$ 的相位差，于是坡印廷矢量的平均值 $\boldsymbol{S}_{av}=\text{Re}[\boldsymbol{E}\times\boldsymbol{H}^*]/2=\boldsymbol{0}$，能量在电场和磁场以及场与源之间交换而没有辐射，因此近区场也称为感应场，可以用它来计算天线的输入电抗。必须注意，以上的讨论中忽略了很小的 $1/r$ 项，下面将会看到正是它们构成了电基本振子远区的辐射实功率。

2. 远区场

$kr\gg1$（即 $r\gg\lambda/(2\pi)$）的区域称为远区，此区域内 $1/kr\gg1/(kr)^2\gg1/(kr)^3$，因此保留式(1-1-1)中的最大项后，电基本振子的远区场表达式为

$$\left.\begin{aligned}H_\varphi&=j\,\frac{Il}{2\lambda r}\sin\theta e^{-jkr}\\ E_\theta&=j\,\frac{60\pi Il}{\lambda r}\sin\theta e^{-jkr}\\ H_r&=H_\theta=E_r=E_\varphi=0\end{aligned}\right\}\tag{1-1-4}$$

由式(1-1-4)可见，远区场的性质与近区场的性质完全不同，场强只有两个相位相同的分量(E_θ,H_φ)，其电力线分布如图 1-1-2 所示，场矢量如图 1-1-3 所示。

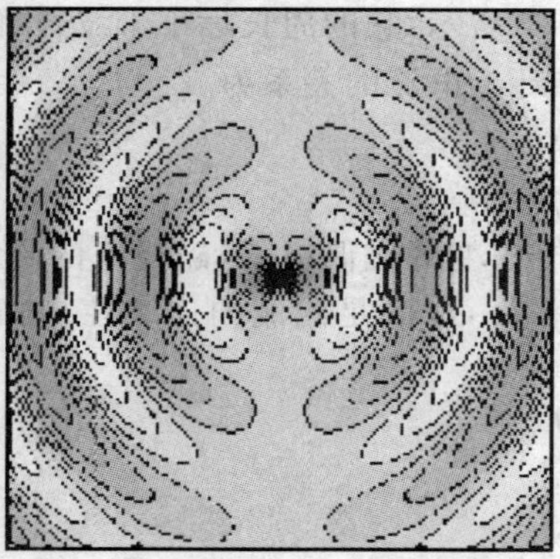

图 1-1-2　电力线分布图

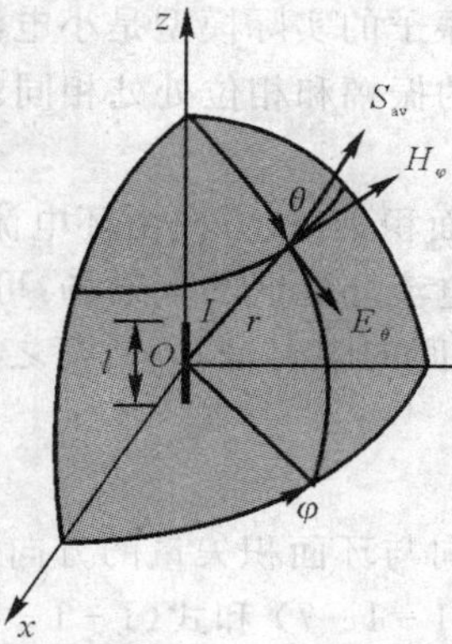

图 1-1-3　场矢量图

二、磁基本振子的辐射

磁基本振子(Magnetic Short Dipole)又称磁流元、磁偶极子。尽管它是虚拟的，迄今为止还不能肯定在自然界中是否有孤立的磁荷和磁流存在，但是它可以与一些实际波源相对应，例如小环天线或者已建立起来的电场波源，用此概念可以简化计算，因此讨论它是有必要的。

如图 1-1-4 所示，设想一段长为 $l(l \ll \lambda)$ 的磁流元 $I_m l$ 置于球坐标系原点，根据电磁对偶性原理，只需要进行如下变换：

$$\left.\begin{aligned} &E_e \Leftrightarrow H_m \\ &H_e \Leftrightarrow -E_m \\ &I_e \Leftrightarrow I_m, \quad Q_e \Leftrightarrow Q_m \\ &\varepsilon_0 \Leftrightarrow \mu_0 \end{aligned}\right\} \tag{1-1-5}$$

式中，下标 e，m 分别对应电源和磁源，则磁基本振子远区辐射场的表达式为

$$\begin{aligned} E_\varphi &= -\mathrm{j}\,\frac{I_m l}{2\lambda\, r}\sin\theta \mathrm{e}^{-\mathrm{j}kr} \\ H_\theta &= \mathrm{j}\,\frac{I_m l}{2\lambda\, r}\sqrt{\frac{\varepsilon_0}{\mu_0}}\sin\theta \mathrm{e}^{-\mathrm{j}kr} \end{aligned} \tag{1-1-6}$$

比较电基本振子的辐射场与磁基本振子的辐射场，可以得知它们除了辐射场的极化方向相互正交之外，其他特性完全相同。

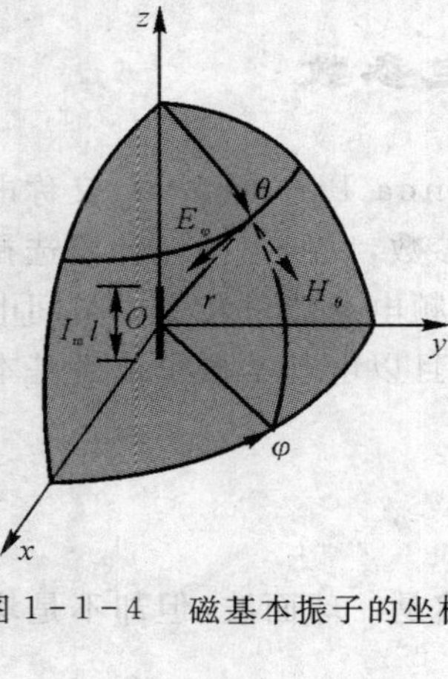

图 1-1-4　磁基本振子的坐标

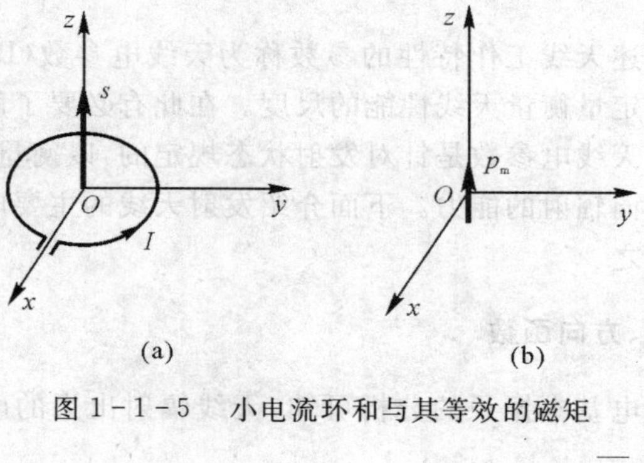

图 1-1-5　小电流环和与其等效的磁矩

磁基本振子的实际模型是小电流环，如图1-1-5所示，它的周长远小于波长，而且环上的谐变电流 I 的振幅和相位处处相同。相应的磁矩和环上电流的关系为

$$\boldsymbol{p}_{\mathrm{m}}=\mu_0 I\boldsymbol{s} \tag{1-1-7}$$

式中，$\boldsymbol{s}$ 为环面积矢量，方向由环电流 I 按右手螺旋定则确定。

若求小电流环远区的辐射场，可把磁矩看成一个时变的磁偶极子，磁极上的磁荷是 $+q_{\mathrm{m}}$，$-q_{\mathrm{m}}$，它们之间的距离是 l。磁荷之间有假想的磁流 I_{m}，以满足磁流的连续性，则磁矩又可表示为

$$\boldsymbol{p}_{\mathrm{m}}=q_{\mathrm{m}}\boldsymbol{l} \tag{1-1-8}$$

式中，l 的方向与环面积矢量的方向一致。

比较式(1-1-7)和式(1-1-8)，得

$$q_{\mathrm{m}}=\frac{\mu_0 Is}{l},\quad I_{\mathrm{m}}=\frac{\mathrm{d}q_{\mathrm{m}}}{\mathrm{d}t}=\frac{\mu_0 s}{l}\frac{\mathrm{d}I}{\mathrm{d}t} \tag{1-1-9}$$

用复数表示的磁流为

$$I_{\mathrm{m}}=\mathrm{j}\frac{\omega\mu_0 s}{l}I \tag{1-1-10}$$

将式(1-1-9)代入式(1-1-6)，经化简，可得小电流环的远区场

$$\left.\begin{aligned}E_\varphi&=\frac{\omega\mu_0 sI}{2\lambda\ r}\sin\theta\mathrm{e}^{-\mathrm{j}kr}\\H_\theta&=-\frac{\omega\mu_0 sI}{2\lambda\ r}\sqrt{\frac{\varepsilon_0}{\mu_0}}\sin\theta\mathrm{e}^{-\mathrm{j}kr}\end{aligned}\right\} \tag{1-1-11}$$

小电流环是一种实用天线，称之为环形天线。事实上，对于一个很小的环来说，如果环的周长远小于 $\lambda/4$，则该天线的辐射场方向性与环的实际形状无关，即环可以是矩形、三角形或其他形状。磁偶极子的辐射总功率为

$$P_{\mathrm{r}}=\oiint_S S_{\mathrm{av}}\mathrm{d}s=\oiint_S\frac{1}{2}\mathrm{Re}\left[\boldsymbol{E}\times\boldsymbol{H}^*\right]\mathrm{d}s=160\pi^4 I_{\mathrm{m}}^2\left(\frac{s}{\lambda}\right)^2\quad\mathrm{W} \tag{1-1-12}$$

其辐射电阻为

$$R_{\mathrm{r}}=\frac{2P_{\mathrm{r}}}{I_{\mathrm{m}}^2}=320\pi^4\left(\frac{s}{\lambda}\right)^2\quad\Omega \tag{1-1-13}$$

由此可见，同样电长度的导线，绕制成磁偶极子，在电流振幅相同的情况下，远区的辐射功率比电偶极子的要小几个数量级。

第二节　发射天线的电参数

描述天线工作特性的参数称为天线电参数(Basic Antenna Parameters)，又称电指标。它们是定量衡量天线性能的尺度。在此有必要了解天线电参数，以便正确设计或选择天线。大多数天线电参数是针对发射状态规定的，以衡量天线把高频电流能量转变成空间电波能量以及定向辐射的能力。下面介绍发射天线的主要电参数，并且以电基本振子或磁基本振子为例说明之。

一、方向函数

由电基本振子的分析可知，天线辐射出去的电磁波虽然是一球面波，但却不是均匀球面

波，因此，任何一个天线的辐射场都具有方向性。

所谓方向性，就是在相同距离的条件下天线辐射场的相对值与空间方向（子午角 θ、方位角 φ）的关系，如图 1-2-1 所示。若天线辐射的电场强度为 $E(r,\theta,\varphi)$，把电场强度（绝对值）写为

$$|E(r,\theta,\varphi)|=\frac{60I}{r}f(\theta,\varphi) \tag{1-2-1}$$

式中，I 为归算电流，对于驻波天线，通常取波腹电流 I_m 作为归算电流；$f(\theta,\varphi)$ 为场强方向函数。因此，方向函数可定义为

$$f(\theta,\varphi)=\frac{|E(r,\theta,\varphi)|}{60I/r} \tag{1-2-2}$$

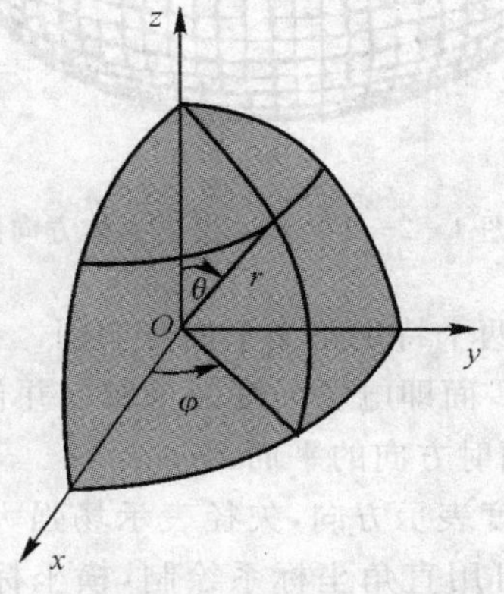

图 1-2-1　天线辐射场的相对值与空间方向的关系

将电基本振子的辐射场表达式(1-1-4)代入式(1-2-2)，可得电基本振子的方向函数为

$$f(\theta,\varphi)=f(\theta)=\frac{\pi l}{\lambda}|\sin\theta| \tag{1-2-3}$$

为了便于比较不同天线的方向性，常采用归一化方向函数，用 $F(\theta,\varphi)$ 表示，即

$$F(\theta,\varphi)=\frac{f(\theta,\varphi)}{f_{max}(\theta,\varphi)}=\frac{|E(\theta,\varphi)|}{|E_{max}|} \tag{1-2-4}$$

式中，$f_{max}(\theta,\varphi)$ 为方向函数的最大值；E_{max} 为最大辐射方向上的电场强度；$E(\theta,\varphi)$ 为同一距离(θ,φ) 方向上的电场强度。

归一化方向函数 $F(\theta,\varphi)$ 的最大值为 1。因此，电基本振子的归一化方向函数可写为

$$F(\theta,\varphi)=|\sin\theta| \tag{1-2-5}$$

为了分析和对比方便，定义理想点源是无方向性天线，它在各个方向上、相同距离处产生的辐射场的大小是相等的，因此，它的归一化方向函数为

$$F(\theta,\varphi)=1 \tag{1-2-6}$$

二、方向图

式(1-2-1)定义了天线的方向函数，它与 r 及 I 无关。将方向函数用曲线描绘出来，称之为方向图(Fileld Pattern)。方向图就是与天线等距离处，天线辐射场大小在空间中的相对分布随方向变化的图形。依据归一化方向函数而绘出的为归一化方向图。

变化 θ 及 φ 得出的方向图是立体方向图。对于电基本振子，由于归一化方向函数

$F(\theta,\varphi)=|\sin\theta|$，因此其立体方向图如图 1-2-2 所示。

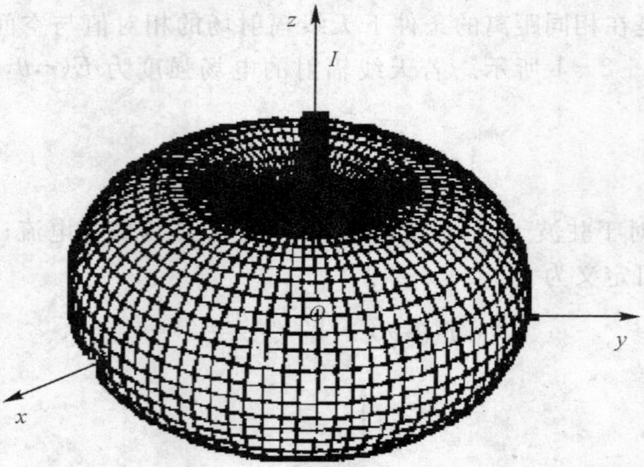

图 1-2-2　基本振子立体方向图

在实际中，工程上常常采用两个特定正交平面方向图。在自由空间中，两个最重要的平面方向图是 E 面和 H 面方向图。E 面即电场强度矢量所在并包含最大辐射方向的平面；H 面即磁场强度矢量所在并包含最大辐射方向的平面。

方向图可用极坐标绘制，角度表示方向，矢径表示场强大小。这种图形直观性强，但零点或最小值不易分清。方向图也可用直角坐标系绘制，横坐标表示方向角，纵坐标表示辐射幅值。由于横坐标可按任意标尺扩展，故图形清晰。如图 1-2-3 所示，对于球坐标系中的沿 z 轴放置的电基本振子而言，E 面即为包含 z 轴的任一平面，例如 yOz 面，此面的方向函数 $F_E(\theta)=|\sin\theta|$。而 H 面即为 xOy 面，此面的方向函数 $F_H(\varphi)=1$，如图 1-2-4 所示，H 面的归一化方向图为一单位圆。E 面和 H 面方向图就是立体方向图沿 E 面和 H 面两个主平面的剖面图。

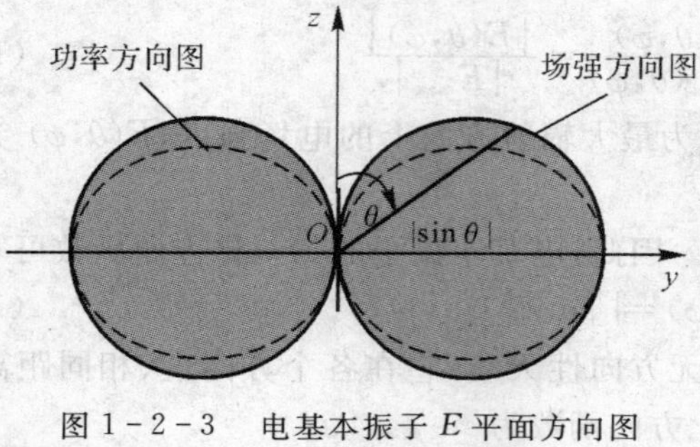

图 1-2-3　电基本振子 E 平面方向图

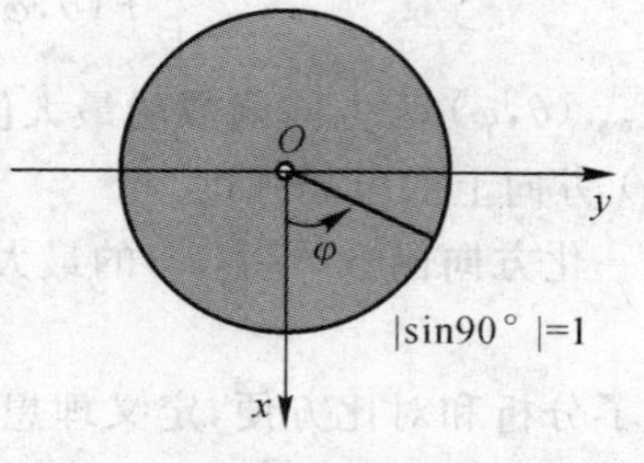

图 1-2-4　电基本振子 H 平面方向图

但是要注意的是，尽管球坐标系中的磁基本振子方向性和电基本振子一样，但 E 面和 H 面的位置恰好互换。

有时还需要讨论辐射的功率密度（坡印廷矢量模值）与方向之间的关系，因此引进功率方向图（Power Pattern）$\Phi(\theta,\varphi)$。容易得出，它与场强方向图之间的关系为

$$\Phi(\theta,\varphi)=F^2(\theta,\varphi) \tag{1-2-7}$$

电基本振子 E 平面功率方向图也如图 1-2-3 所示。

三、方向图参数

实际天线的方向图要比电基本振子的复杂，通常有多个波瓣，它可细分为主瓣、副瓣和后瓣，如图 1-2-5 所示。用来描述方向图的参数通常有：

(1) 零功率点波瓣宽度(Beam Width between First Nulls, BWFN) $2\theta_{0E}$ 或 $2\theta_{0H}$ (下标 E，H 表示 E，H 面，下同)：指主瓣最大值两边两个零辐射方向之间的夹角。

(2) 半功率点波瓣宽度(Half Power Beam Width, HPBW) $2\theta_{0.5E}$ 或 $2\theta_{0.5H}$：指主瓣最大值两边场强等于最大值的 0.707 倍(或等于最大功率密度的一半)的两辐射方向之间的夹角，又叫 3 分贝波束宽度。如果天线的方向图只有一个强的主瓣，其他副瓣均较弱，则它的定向辐射性能的强弱就可以从两个主平面内的半功率点波瓣宽度来判断。

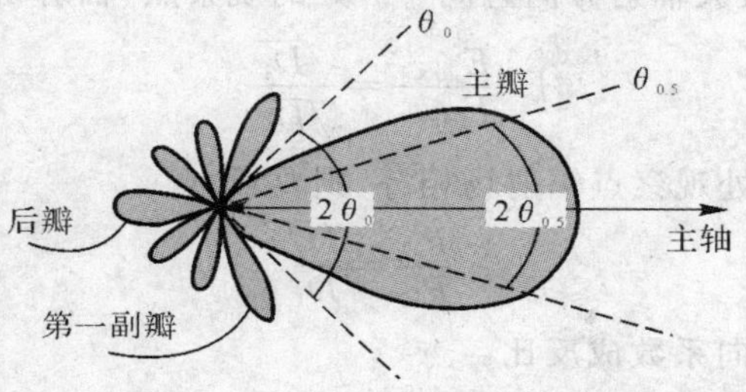

图 1-2-5　天线方向图的一般形状

(3) 副瓣电平(Side Lobe Lever, SLL)：指副瓣最大值与主瓣最大值之比，一般以分贝表示，即

$$SLL = 10\lg \frac{S_{av,max2}}{S_{av,max}} = 20\lg \frac{E_{max\,2}}{E_{max}} \quad dB \tag{1-2-8}$$

式中，$S_{av,max2}$ 和 $S_{av,max}$ 分别为最大副瓣和主瓣的功率密度最大值；E_{max2} 和 E_{max} 分别为最大副瓣和主瓣的场强最大值。副瓣一般指向不需要辐射的区域，因此要求天线的副瓣电平应尽可能地低。

(4) 前后比：指主瓣最大值与后瓣最大值之比，通常也用分贝表示。

四、方向系数

上述方向图参数虽能从一定程度上描述方向图的状态，但它们一般仅能反映方向图中特定方向的辐射强弱程度，未能反映辐射在全空间的分布状态，因而不能单独体现天线的定向辐射能力。为了更精确地比较不同天线之间的方向性，需要引入一个能定量地表示天线定向辐射能力的电参数，这就是方向系数(Directivity)。

方向系数的定义是：在同一距离及相同辐射功率的条件下，某天线在最大辐射方向上的辐射功率密度 S_{max} (或场强 $|E_{max}|$ 的二次方)和无方向性天线(点源)的辐射功率密度 S_0 (或场强 $|E_0|$ 的二次方)之比，记为 D。用公式表示如下：

$$D = \frac{S_{max}}{S_0}\bigg|_{P_r = P_{r0}} = \frac{|E_{max}|^2}{|E_0|^2}\bigg|_{P_r = P_{r0}} \tag{1-2-9}$$

式中，P_r，P_{r0} 分别为实际天线和无方向性天线的辐射功率。无方向性天线本身的方向系数为 1。

因为无方向性天线在 r 处产生的辐射功率密度为

$$S_0=\frac{P_{r0}}{4\pi r^2}=\frac{|E_0|^2}{240\pi} \tag{1-2-10}$$

所以由方向系数的定义得

$$D=\frac{r^2|E_{\max}|^2}{60P_r} \tag{1-2-11}$$

因此，在最大辐射方向上

$$E_{\max}=\frac{\sqrt{60P_rD}}{r} \tag{1-2-12}$$

式(1-2-12)表明，天线的辐射场与 P_rD 的二次方根成正比，因此对于不同的天线，若它们的辐射功率相等，则在同是最大辐射方向且同一 r 处的观察点，辐射场之比为

$$\frac{E_{\max 1}}{E_{\max 2}}=\frac{\sqrt{D_1}}{\sqrt{D_2}} \tag{1-2-13}$$

若要求它们在同一 r 处观察点辐射场相等，则要求

$$\frac{P_{r1}}{P_{r2}}=\frac{D_2}{D_1} \tag{1-2-14}$$

即所需要的辐射功率与方向系数成反比。

天线的辐射功率可由坡印廷矢量积分法来计算，此时可在天线的远区以 r 为半径做出包围天线的积分球面：

$$P_r=\iint_S S_{\mathrm{av}}(\theta,\varphi)\mathrm{d}s=\int_0^{2\pi}\int_0^{\pi}S_{\mathrm{av}}(\theta,\varphi)r^2\sin\theta\mathrm{d}\theta\mathrm{d}\varphi \tag{1-2-15}$$

由于

$$S_0=\frac{P_{r0}}{4\pi r^2}\bigg|_{P_{r0}=P_r}=\frac{P_r}{4\pi r^2}=\frac{1}{4\pi}\int_0^{2\pi}\int_0^{\pi}S_{\mathrm{av}}(\theta,\varphi)\sin\theta\mathrm{d}\theta\mathrm{d}\varphi \tag{1-2-16}$$

所以，由式(1-2-9)可得

$$D=\frac{S_{\mathrm{av,max}}}{\frac{1}{4\pi}\int_0^{2\pi}\int_0^{\pi}S_{\mathrm{av}}(\theta,\varphi)\sin\theta\mathrm{d}\theta\mathrm{d}\varphi}=\frac{4\pi}{\int_0^{2\pi}\int_0^{\pi}\frac{S_{\mathrm{av}}(\theta,\varphi)}{S_{\mathrm{av,max}}}\sin\theta\mathrm{d}\theta\mathrm{d}\varphi} \tag{1-2-17}$$

由天线的归一化方向函数(见式(1-2-4))可知

$$\frac{S_{\mathrm{av}}(\theta,\varphi)}{S_{\mathrm{av,max}}}=\frac{E^2(\theta,\varphi)}{E_{\max}^2}=F^2(\theta,\varphi) \tag{1-2-18}$$

方向系数最终计算公式为

$$D=\frac{4\pi}{\int_0^{2\pi}\int_0^{\pi}F^2(\theta,\varphi)\sin\theta\mathrm{d}\theta\mathrm{d}\varphi} \tag{1-2-19}$$

【例 1-2-1】 求出沿 z 轴放置的电基本振子的方向系数。

解 已知电基本振子的归一化方向函数为

$$F(\theta,\varphi)=|\sin\theta|$$

将其代入方向系数的表达式得

$$D=\frac{4\pi}{\int_0^{2\pi}\int_0^{\pi}\sin^3\theta\mathrm{d}\theta\mathrm{d}\varphi}=1.5$$

若以分贝表示，则 $D=10\lg1.5=1.76$ dB。可见，电基本振子的方向系数是很低的。为了强调方向系数是以无方向性天线作为比较标准得出的，有时将 dB 写成 dBi，以示说明。

当副瓣电平较低时（－20dB 以下），可根据两个主平面的波瓣宽度来近似估算方向系数，即

$$D=\frac{41\,000}{(2\theta_{0.5E})(2\theta_{0.5H})}$$

式中，波瓣宽度均用度数表示。

如果需要计算天线其他方向上的方向系数 $D(\theta,\varphi)$，则可以很容易地得出它与天线的最大方向系数 $D_{\max}$ 的关系为

$$D(\theta,\varphi)=\frac{S(\theta,\varphi)}{S_0}\bigg|_{P_r=P_{r0}}=D_{\max}F^2(\theta,\varphi) \tag{1-2-20}$$

五、天线效率

一般来说，载有高频电流的天线导体及其绝缘介质都会产生损耗，因此输入天线的实际功率并不能全部地转换成电磁波能量。可以用天线效率（Efficiency）来表示这种能量转换的有效程度。天线效率定义为天线辐射功率 P_r 与输入功率 P_{in} 之比，记为 η_{A}，即

$$\eta_{\text{A}}=\frac{P_r}{P_{\text{in}}} \tag{1-2-21}$$

依据电场强度与方向函数的联系公式(1－2－1)，则辐射电阻的一般表达式为

$$R_r=\frac{30}{\pi}\int_0^{2\pi}\int_0^{\pi}f^2(\theta,\varphi)\sin\theta\,\mathrm{d}\theta\,\mathrm{d}\varphi \tag{1-2-22}$$

与方向系数的计算公式(1－2－19)对比后，方向系数与辐射电阻之间的联系为

$$D=\frac{120f^2_{\max}}{R_r} \tag{1-2-23}$$

类似于辐射功率和辐射电阻之间的关系，也可将损耗功率 P_l 与损耗电阻 R_l 联系起来，即

$$P_l=\frac{1}{2}I^2R_l \tag{1-2-24}$$

R_l 是归算于电流 I 的损耗电阻，这样

$$\eta_{\text{A}}=\frac{P_r}{P_r+P_l}=\frac{R_r}{R_r+R_l} \tag{1-2-25}$$

一般来讲，损耗电阻的计算是比较困难的，但可由实验确定。从式(1－2－25)可以看出，若要提高天线效率，必须尽可能地减小损耗电阻和提高辐射电阻。通常，超短波和微波天线的效率很高，接近于 1。

值得提出的是，这里定义的天线效率并未包含天线与传输线失配引起的反射损失，考虑到天线输入端的电压反射系数为 Γ，则天线的总效率为

$$\eta_{\Sigma}=(1-|\Gamma|^2)\eta_{\text{A}} \tag{1-2-26}$$

六、增益系数

方向系数只是衡量天线定向辐射特性的参数，它只决定于方向图；天线效率则表示了天线在能量上的转换效能；而增益系数(Gain)则表示了天线的定向收益程度。增益系数的定义是：在同一距离及相同输入功率的条件下，某天线在最大辐射方向上的辐射功率密度 $S_{\max}$（或

场强 $|E_{max}|$ 的二次方）和理想无方向性天线（理想点源）的辐射功率密度 S_0（或场强 $|E_0|$ 的二次方）之比，记为 G。用公式表示如下：

$$G=\frac{S_{max}}{S_0}\bigg|_{P_{in}=P_{in0}}=\frac{|E_{max}|^2}{|E_0|^2}\bigg|_{P_{in}=P_{in0}} \tag{1-2-27}$$

式中，P_{in}，P_{in0} 分别为实际天线和理想无方向性天线的输入功率。理想无方向性天线本身的增益系数为 1。

考虑到效率的定义，在有耗情况下，功率密度为无耗时的 η_A 倍，式(1-2-27) 可改写为

$$G=\frac{S_{max}}{S_0}\bigg|_{P_{in}=P_{in0}}=\frac{\eta_A S_{max}}{S_0}\bigg|_{P_r=P_{r0}} \tag{1-2-28}$$

$$G=\eta_A D \tag{1-2-29}$$

由此可见，增益系数是综合衡量天线能量转换效率和方向特性的参数，它是方向系数与天线效率的乘积。在实际中，天线的最大增益系数是比方向系数更为重要的电参量，即使它们密切相关。

根据式(1-2-29)，可将式(1-2-12) 改写为

$$E_{max}=\frac{\sqrt{60P_rD}}{r}=\frac{\sqrt{60P_{in}G}}{r} \tag{1-2-30}$$

增益系数也可以用分贝表示为 $10\lg G$。因为一个增益系数为 10、输入功率为 1 W 的天线和一个增益系数为 2、输入功率为 5 W 的天线在最大辐射方向上具有同样的效果，所以又将 P_rD 或 $P_{in}G$ 定义为天线的有效辐射功率。使用高增益天线可以在维持输入功率不变的条件下，增大有效辐射功率。由于发射机的输出功率是有限的，因此在通信系统的设计中，对提高天线的增益常常抱有很大的期望。频率越高的天线越容易得到很高的增益。

七、天线的极化

天线的极化(Polarization) 是指该天线在给定方向上远区辐射电场的空间取向。一般而言，特指为该天线在最大辐射方向上的电场的空间取向。实际上，天线的极化随着偏离最大辐射方向而改变，天线不同辐射方向可以有不同的极化。

所谓辐射场的极化，即在空间某一固定位置上电场矢量端点随时间运动的轨迹，按其轨迹的形状可分为线极化、圆极化和椭圆极化，其中圆极化还可以根据其旋转方向分为右旋圆极化和左旋圆极化。就圆极化而言，一般规定：若手的拇指朝向波的传播方向，四指弯向电场矢量的旋转方向，这时电场矢量端点的旋转方向与传播方向若符合右手螺旋，则为右旋圆极化；若符合左手螺旋，则为左旋圆极化。

如图 1-2-6 所示为某一时刻，以 $+z$ 轴为传播方向的 x 方向线极化的场强矢量线在空间的分布图。如图 1-2-7 和图 1-2-8 所示为某一时刻，以 $+z$ 轴为传播方向的右、左旋圆极化的场强矢量线在空间的分布图。要注意到，固定时间的场强矢量线在空间的分布旋向与固定位置的场强矢量线随时间的旋向相反。椭圆极化的旋向定义与圆极化类似。

天线不能接收与其正交的极化分量。例如，线极化天线不能接收来波中与其极化方向垂直的线极化波，圆极化天线不能接收来波中与其旋向相反的圆极化分量；对椭圆极化来波，其中与接收天线的极化旋向相反的圆极化分量不能被接收。极化失配意味着功率损失。为衡量这种损失，特定义极化失配因子 ν_p(Polarization - Mismatch Factor)，其值在 0 ～ 1 之间。

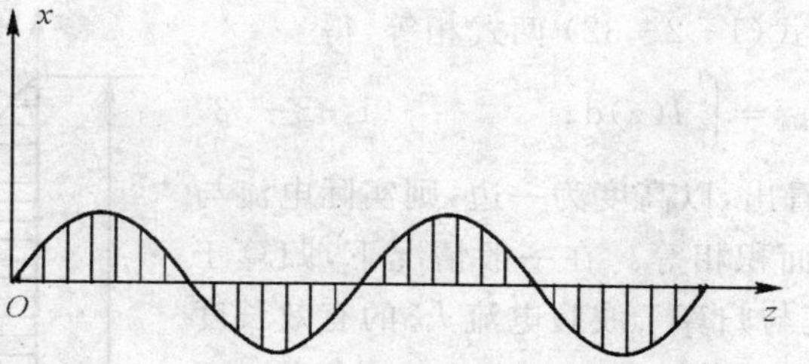

图 1-2-6　某一时刻 x 方向线极化的场强矢量线在空间的分布(以 z 轴为传播方向)

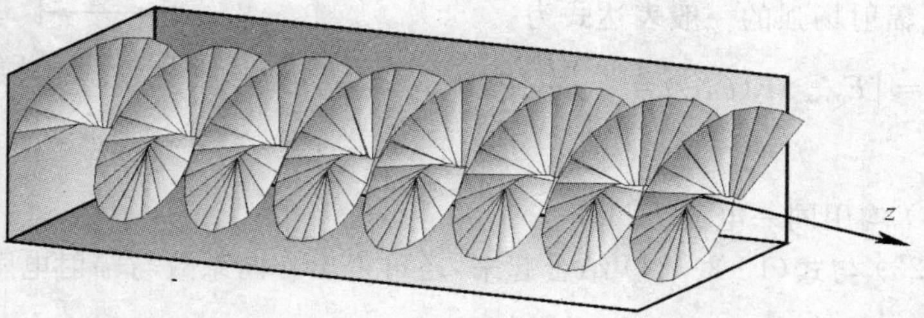

图 1-2-7　某一时刻右旋圆极化的场强矢量线在空间的分布图(以 z 轴为传播方向)

图 1-2-8　某一时刻左旋圆极化的场强矢量线在空间的分布图(以 z 轴为传播方向)

八、有效长度

一般而言,天线上的电流分布是不均匀的,也就是说天线上各部位的辐射能力不一样。为了衡量天线的实际辐射能力,常采用有效长度(Effective Length)。它的定义是:在保持实际天线最大辐射方向上的场强值不变的条件下,假设天线上的电流分布为均匀分布时天线的等效长度。通常将归算于输入电流 I_{in} 的有效长度记为 l_{ein},把归算于波腹电流 I_m 的有效长度记为 l_{em}。

如图 1-2-9 所示,设实际长度为 l 的某天线的电流分布为 $I(z)$,根据式(1-1-4),考虑到各电基本振子辐射场的叠加,此时该天线在最大辐射方向产生的电场为

$$E_{max}=\int_0^l \mathrm{d}E=\int_0^l \frac{60\pi}{\lambda r}I(z)\mathrm{d}z=\frac{60\pi}{\lambda r}\int_0^l I(z)\mathrm{d}z \qquad (1-2-31)$$

若以该天线的输入端电流 I_{in} 为归算电流,则电流以 I_{in} 为均匀分布、长度为 l_{ein} 时天线在最大辐射方向产生的电场可类似于电基本振子的辐射电场,即

$$E_{max}=\frac{60\pi I_{in} l_{ein}}{\lambda r} \qquad (1-2-32)$$

令式(1-2-31)和式(1-2-32)两式相等,得

$$I_{in}l_{ein}=\int_0^l I(z)\mathrm{d}z \qquad (1-2-33)$$

由式(1-2-33)可看出,以高度为一边,则实际电流与等效均匀电流所包围的面积相等。在一般情况下,归算于输入电流 I_{in} 的有效长度与归算于波腹电流 I_m 的有效长度不相等。

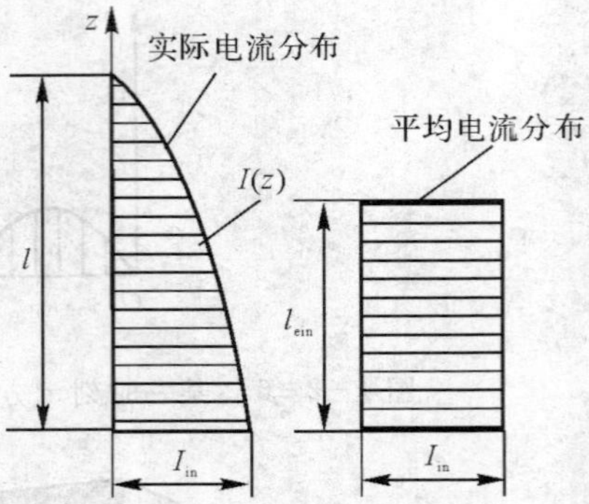

图 1-2-9 天线的电流分布

引入有效长度以后,考虑到电基本振子的最大场强的计算,可写出天线辐射场强的一般表达式为

$$|E(\theta,\varphi)|=|E_{max}|F(\theta,\varphi)=\frac{60\pi Il_e}{\lambda r}F(\theta,\varphi) \qquad (1-2-34)$$

式中,l_e 与 $F(\theta,\varphi)$ 均用同一电流 I 归算。

将式(1-2-23)与式(1-2-24)结合起来,还可得出方向系数与辐射电阻、有效长度之间的关系式:

$$D=\frac{30k^2l_e^2}{R_r} \qquad (1-2-35)$$

在天线的设计过程中,有一些专门的措施可以加大天线的等效长度,用来提高天线的辐射能力。

九、输入阻抗与辐射阻抗

天线通过传输线与发射机相连,天线作为传输线的负载,与传输线之间存在阻抗匹配问题。天线与传输线的连接处称为天线的输入端,天线输入端呈现的阻抗值定义为天线的输入阻抗(Input Resistance),即天线的输入阻抗 Z_{in} 为天线的输入端电压与电流之比:

$$Z_{in}=\frac{U_{in}}{I_{in}}=R_{in}+\mathrm{j}X_{in} \qquad (1-2-36)$$

式中,R_{in},X_{in} 分别为输入电阻和输入电抗,它们分别对应有功功率和无功功率。

有功功率以损耗和辐射两种方式耗散掉,而无功功率则驻存在近区中。天线的输入阻抗决定于天线的结构、工作频率以及周围环境的影响。输入阻抗的计算是比较困难的,因为它需要准确地知道天线上的激励电流。除了少数天线外,大多数天线的输入阻抗在工程中采用近似计算或实验测定。

事实上,在计算天线的辐射功率时,如果将计算辐射功率的封闭曲面设置在天线的近区内,用天线的近区场进行计算,则所求出的辐射功率 P_r 同样将含有有功功率及无功功率。如果引入归算电流(输入电流 I_{in} 或波腹电流 I_m),则辐射功率与归算电流之间的关系为

$$P_r=\frac{1}{2}|I_{in}|^2Z_{r0}=\frac{1}{2}|I_{in}|^2(R_{r0}+\mathrm{j}X_{r0})=\frac{1}{2}|I_{mm}|^2Z_{rm}=\frac{1}{2}|I_m|^2(R_{rm}+\mathrm{j}X_{rm}) \qquad (1-2-37)$$

式中,Z_{r0},Z_{rm} 分别为归于输入电流和波腹电流的辐射阻抗(Radiation Resistance)。R_{r0},R_{rm},X_{r0},X_{rm} 也为相应的辐射电阻和辐射电抗。因此,辐射阻抗是一个假想的等效阻抗,其数值与归算电流有关。归算电流不同,辐射阻抗的数值也不同。

Z_r 与 Z_{in} 之间有一定的关系，因为输入实功率为辐射实功率和损耗功率之和，当所有的功率均用输入端电流为归算电流时，$R_{in}=R_{r0}+R_{l0}$，其中 R_{l0} 为归算于输入端电流的损耗电阻。

十、频带宽度

天线的所有电参数都和工作频率有关。任何天线的工作频率都有一定的范围，当工作频率偏离中心工作频率 f_0 时，天线的电参数将变差，其变差的容许程度取决于天线设备系统的工作特性要求。当工作频率变化时，天线的有关电参数变化的程度在所允许的范围内，此时对应的频率范围称为频带宽度(Bandwidth)。根据天线设备系统的工作场合不同，影响天线频带宽度的主要电参数也不同。

根据频带宽度的不同，可以把天线分为窄频带天线、宽频带天线和超宽频带天线。若天线的最高工作频率为 f_{max}，最低工作频率为 f_{min}，对于窄频带天线，常用相对带宽，即$[(f_{max}-f_{min})/f_0]\times 100\%$ 来表示其频带宽度。而对于超宽频带天线，常用绝对带宽，即 f_{max}/f_{min} 来表示其频带宽度。

通常，相对带宽只有百分之几的为窄频带天线，例如引向天线；相对带宽达百分之几十的为宽频带天线，例如螺旋天线；绝对带宽可达到几个倍频程的称为超宽频带天线，例如对数周期天线。

第三节　互易定理与接收天线的电参数

一、互易定理

接收天线工作的物理过程是，天线导体在空间电场的作用下产生感应电动势，并在导体表面激励起感应电流，在天线的输入端产生电压，在接收机回路中产生电流。因此接收天线是一个把空间电磁波能量转换成高频电流能量的转换装置，其工作过程就是发射天线的逆过程。

如图 1-3-1 所示，接收天线总是位于发射天线的远区辐射场中，因此可以认为到达接收天线处的无线电波是均匀平面波。设来波方向与天线轴 z 之间的夹角为θ，电波射线与天线轴构成入射平面，入射电场可分为两个分量：一个是与入射面相垂直的分量 E_v；一个是与入射面相平行的分量 E_h。只有同天线轴相平行的电场分量 $E_z=-E_h\sin\theta$ 才能在天线导体 dz 段上产生感应电动势 $d\widetilde{E}(z)=-E_z dz=E_h\sin\theta dz$，进而在天线上激起感应电流 $I(z)$。

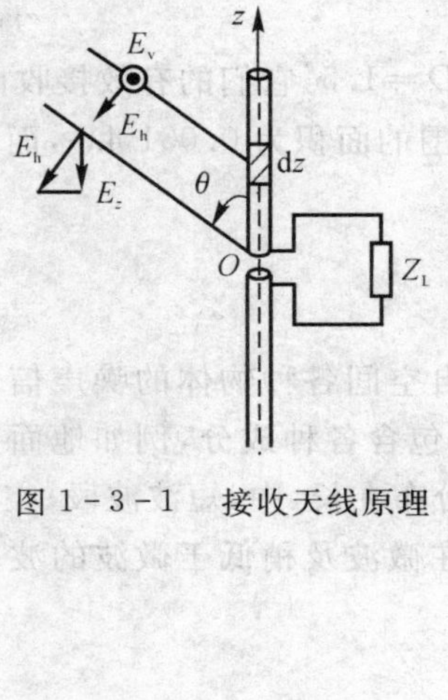

图 1-3-1　接收天线原理

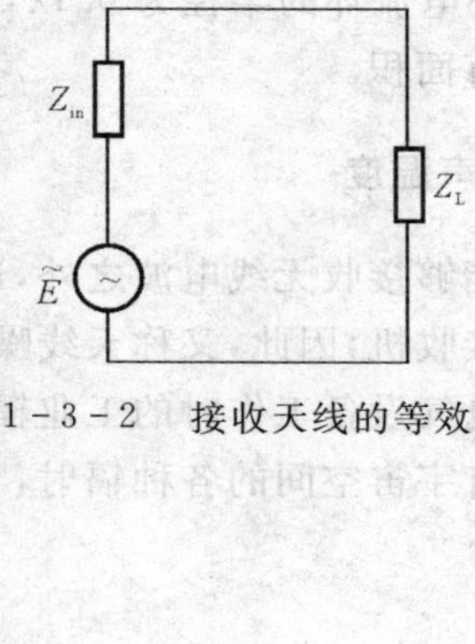

图 1-3-2　接收天线的等效电路

由于天线无论作为发射还是作为接收，应该满足的边界条件都是一样的，因此天线在接收状态下的电流分布 $I(z)$ 也应该和发射时的相同。这就意味着任意类型的天线用做接收天线时，它的极化、方向性、有效长度和阻抗特性等均与它用做发射天线时的相同。这种同一天线收发参数相同的性质被称为天线的收发互易性，它可以用电磁场理论中的互易定理予以证明。

二、有效接收面积

有效接收面积(Effective Aperture)是衡量接收天线接收无线电波能力的重要指标。接收天线的有效接收面积的定义为：当天线以最大接收方向对准来波方向进行接收时，并且天线的极化与来波极化相匹配，接收天线送到匹配负载的平均功率 P_{Lmax} 与来波的功率密度 S_{av} 之比，记为 A_{e}。即

$$A_{\mathrm{e}}=\frac{P_{\mathrm{Lmax}}}{S_{\mathrm{av}}} \tag{1-3-1}$$

由于 $P_{\mathrm{Lmax}}=A_{\mathrm{e}}S_{\mathrm{av}}$，所以接收天线在最佳状态下所接收到的功率可以看成是被具有面积为 A_{e} 的口面所截获的垂直入射波功率密度的总和。

在极化匹配的条件下(即图 1-3-1 中的 $E_{\mathrm{v}}=0$)，如果来波的场强振幅为 E_{i}，则

$$S_{\mathrm{av}}=\frac{|E_{\mathrm{i}}|^2}{2\eta} \tag{1-3-2}$$

如图 1-3-2 所示的接收天线的等效电路，当 Z_{in} 与 Z_{L} 共轭匹配时，接收机处于最佳工作状态，此时传送到匹配负载的平均功率为

$$P_{\mathrm{Lmax}}=\frac{\widetilde{E}^2}{8R_{\mathrm{in}}} \tag{1-3-3}$$

当天线以最大接收方向对准来波时，此时接收天线上的总感应电动势为

$$\widetilde{E}=E_{\mathrm{i}}l_{\mathrm{e}} \tag{1-3-4}$$

式中，l_{e} 为天线的有效长度。

将上述各式代入到式(1-3-1)，并引入天线效率 η_{A}，则有

$$A_{\mathrm{e}}=\frac{30\pi l_{\mathrm{e}}^2}{R_{\mathrm{in}}}=\eta_{\mathrm{A}}\times\frac{30\pi l_{\mathrm{e}}^2}{R_{\mathrm{r}}} \tag{1-3-5}$$

将式(1-2-35)和式(1-2-29)代入式(1-3-5)，接收天线的有效接收面积为

$$A_{\mathrm{e}}=\frac{\lambda^2}{4\pi}G \tag{1-3-6}$$

例如，理想电基本振子和小电流环方向系数都为 $D=1.5$，它们的有效接收面积同为 $A_{\mathrm{e}}=0.12\lambda^2$。如果小电流环的半径为 0.1λ，则小电流环所围的面积为 $0.031\,4\lambda^2$，而其有效接收面积大于实际占有面积。

三、等效噪声温度

天线除了能够接收无线电波之外，还能够接收来自空间各种物体的噪声信号。外部噪声通过天线进入接收机，因此，又称天线噪声。外部噪声包含各种成分，例如地面上有其他电台信号以及各种电气设备工作时的工业辐射，它们主要分布在长、中、短波波段；空间中有大气雷电放电以及来自宇宙空间的各种辐射，它们主要分布在微波及稍低于微波的波段。天线接收

的噪声功率的大小可以用天线的等效噪声温度 T_A 来表示。

类似于电路中噪声电阻把噪声功率输送给与其相连接的电阻网络，若将接收天线视为一个温度为 T_A 的电阻，则它输送给匹配的接收机的最大噪声功率 P_n(W) 与天线的等效噪声温度 T_A(K) 的关系为

$$T_A = \frac{P}{K_b \Delta f} \tag{1-3-7}$$

式中，$K_b = 1.38\times10^{-23}$ J/K，为波耳兹曼常数；Δf 为频率带宽(Hz)。T_A 是表示接收天线向共轭匹配负载输送噪声功率大小的参数，它并不是天线本身的物理温度。

当接收天线距发射天线非常远时，接收机所接收的信号电平已非常微弱，这时天线输送给接收机的信号功率 P_s 与噪声功率 P_n 的比值更能实际地反映出接收天线的质量。由于在最佳接收状态下，接收到的 $P_s = A_e S_{av}$，所以接收天线输出端的信噪比为

$$\frac{P_s}{P_n} = \frac{\lambda^2}{4\pi}\frac{S_{av}}{K_b \Delta f}\frac{G}{T_A} \sim \frac{G}{T_A} \tag{1-3-8}$$

也就是说，接收天线输出端的信噪比正比于 G/T_A，增大增益系数或减小等效噪声温度均可以提高信噪比，进而提高检测微弱信号的能力，改善接收质量。

噪声源分布在接收天线周围的全空间，它是考虑了以接收天线的方向函数为加权的噪声分布之和，写为

$$T_A = \frac{\int_0^{2\pi}\int_0^{\pi} T(\theta,\varphi)\,|F(\theta,\varphi)|^2 \sin\theta \mathrm{d}\theta \mathrm{d}\varphi}{\int_0^{2\pi}\int_0^{\pi} |F(\theta,\varphi)|^2 \sin\theta \mathrm{d}\theta \mathrm{d}\varphi} \tag{1-3-9}$$

式中，$T(\theta,\varphi)$ 为噪声源的空间分布函数；$F(\theta,\varphi)$ 为天线的归一化方向函数。为了减小天线的噪声温度，天线的最大接收方向应避开强噪声源，并应尽量降低副瓣和后瓣电平。

以上的讨论并未涉及天线和接收机之间的传输线的损耗，如果考虑传输线的实际温度和损耗，考虑到接收机本身所具有的噪声温度，则计算整个接收系统的噪声如图 1-3-3 所示。

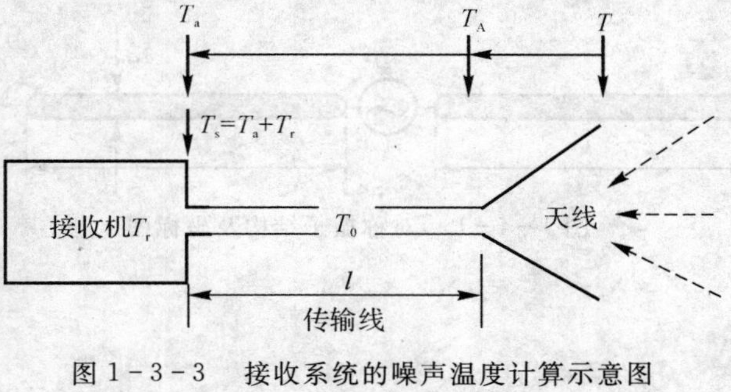

图 1-3-3　接收系统的噪声温度计算示意图

图中各参数意义如下：

T：空间噪声源的噪声温度；

T_A：天线输出端的噪声温度；

T_0：均匀传输线的噪声温度；

T_a：接收机输入端的噪声温度；

T_r：接收机本身的噪声温度；

T_s:考虑到接收机影响后的接收机输出端的噪声温度。

如果传输线的衰减常数为α(NP/m),则传输线的衰减也会降低噪声功率,因而

$$T_a = T_A e^{-2\alpha l} + T_0(1 - e^{-2\alpha l}) \tag{1-3-10}$$

整个接收系统的有效噪声温度为$T_s = T_a + T_r$。T_s的值可在几开(K)到几千开(kK)之间,但其典型值约为10 K。

【例1-3-1】 已知天线输出端的有效噪声温度是150 K。假定传输线是长为10 m的x波段(8.2 GHz～12.4 GHz)的矩形波导(其衰减系数$\alpha = 0.13$ dB/m),波导温度为300 K,求接收机端点的天馈系统的有效噪声温度。

解 因为

$$\alpha(\text{dB/m}) = \alpha(\text{NP/m}) \times 20\lg e = 8.68\alpha\ (\text{NP/m})$$

所以

$$\alpha = 0.13\ \text{dB/m} = 0.014\ 9\ \text{NP/m}$$

则天馈系统的有效噪声温度为

$$T_a = T_A e^{-2\alpha l} + T_0(1 - e^{-2\alpha l}) = 150e^{-0.149\times 2} + 300 \times (1 - e^{-0.149\times 2}) = 111.345 + 77.31 = 188.655\ \text{K}$$

从这个例子可以看出,考虑到传输线及接收机本身带来的噪声影响,整个天馈系统的有效噪声温度与天线输出端的有效噪声温度可能相差较大。

第四节 对称振子

如图1-4-1所示,对称振子(Symmetrical Center-Fed Dipole)是中间馈电,其两臂由两段等长导线构成的振子天线。一臂的导线半径为a,长度为l。两臂之间的间隙很小,理论上可忽略不计,因此振子的总长度$L = 2l$。对称振子的长度l与波长相比拟,本身已可以构成实用天线。

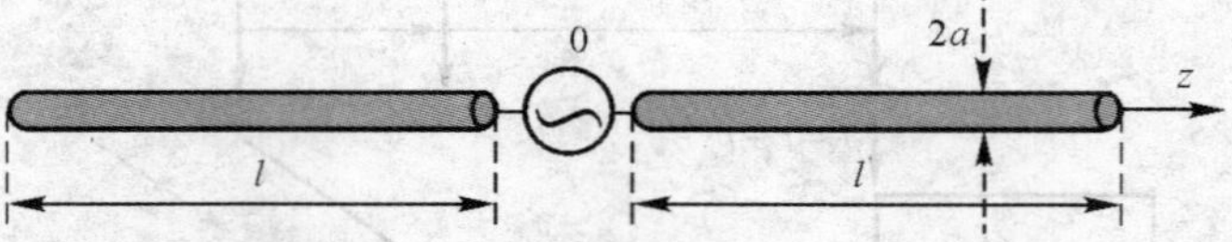

图1-4-1 对称振子结构及坐标图

一、电流分布

若想分析对称振子的辐射特性,必须首先知道它的电流分布。为了精确地求解对称振子的电流分布,需要采用数值分析方法,但计算比较麻烦。实际上,细对称振子天线可以看成是由末端开路的传输线张开形成的,理论和实验都已证实,细对称振子的电流分布与末端开路线上的电流分布相似,即非常接近于正弦驻波分布,若取如图1-4-1所示的坐标,并忽略振子损耗,则其形式为

$$I(z) = I_m \sin k(l - |z|) = \begin{cases} I_m \sin k(l - z) & z \geqslant 0 \\ I_m \sin k(l + z) & z < 0 \end{cases} \tag{1-4-1}$$

式中，I_m 为电流波腹点的复振幅；$k=2\pi/\lambda=\omega/c$ 为相移常数。根据正弦分布的特点，对称振子的末端为电流的波节点；电流分布关于振子的中心点对称；超过半波长就会出现反相电流。

图 1-4-2 绘出了理想正弦分布和依靠数值求解方法（矩量法）计算出的细对称振子上的电流分布，后者大体与前者相似，但两者也有明显差异，特别在振子中心附近和波节点处差别更大。这种差别对辐射场的影响不大，但对近场计算（例如输入阻抗）有重要影响。

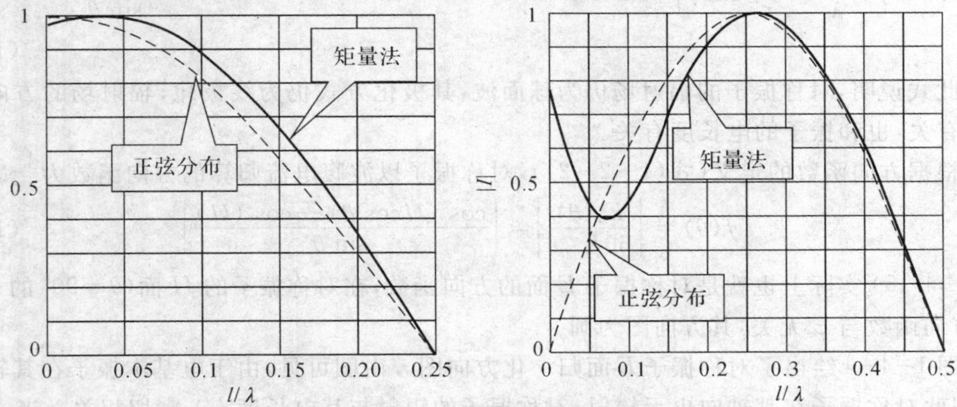

图 1-4-2　对称振子电流分布（理想正弦分布与矩量法计算结果）

二、对称振子的辐射场

确定了对称振子的电流分布以后，就可以计算它的辐射场。

欲计算对称振子的辐射场，可将对称振子分成无限多电流元，对称振子的辐射场就是所有电流元辐射场之和。在图 1-4-3 所示的坐标系中，由于对称振子的辐射场与 φ 无关，而观察点 $P(r,\theta)$ 距对称振子足够远，因而每个电流元到观察点的射线近似平行，因而各电流元在观察点处产生的辐射场矢量方向也可被认为相同，和电基本振子一样，对称振子仍为线极化天线。

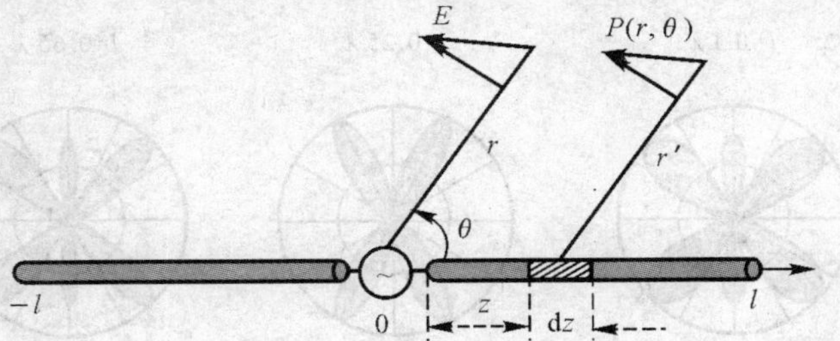

图 1-4-3　对称振子辐射场的计算

如图 1-4-3 所示，在对称振子上距中心 z 处取电流元段 $\mathrm{d}z$，它对远区场的贡献为

$$\mathrm{d}E_\theta=\mathrm{j}\,\frac{60\pi I_m\sin k(l-|z|)\,\mathrm{d}z}{r'\lambda}\sin\theta\,\mathrm{e}^{-\mathrm{j}kr'} \tag{1-4-2}$$

由于式(1-4-2)中的 r 与 r' 可以看做互相平行，因而以从坐标原点到观察点的路径 r 作为参考时，r 与 r' 的关系为

$$r'\approx r-z\cos\theta \tag{1-4-3}$$

由于 $r-r'=z\cos\theta\ll r$，因此在式(1-4-2)中可以忽略 r' 与 r 的差异对辐射场大小带来

的影响，可以令 $1/r' \approx 1/r$，但是这种差异对辐射场相位带来的影响却不能忽略不计。

实际上，正是路径差不同而引起的相位差 $k(r-r')=2\pi(r-r')/\lambda$ 是形成天线方向性的重要因素之一。

将式(1－4－2)沿振子全长作积分

$$E_\theta(\theta)=\mathrm{j}\,\frac{60\pi I_{\mathrm{m}}}{\lambda}\,\frac{\mathrm{e}^{-\mathrm{j}kr}}{r}\sin\theta\int_{-l}^{l}\sin k(l-|z|)\,\mathrm{e}^{\mathrm{j}kz\cos\theta}\mathrm{d}z=\mathrm{j}\,\frac{60I_{\mathrm{m}}}{\lambda}\,\frac{\cos(kl\cos\theta)-\cos(kl)}{\sin\theta}\mathrm{e}^{-\mathrm{j}kr} \tag{1-4-4}$$

此式说明，对称振子的辐射场仍为球面波，其极化方式仍为线极化；辐射场的方向性不仅与 θ 有关，也和振子的电长度有关。

根据方向函数的定义(式(1－2－2))，对称振子以波腹电流归算的方向函数为

$$f(\theta)=\left|\frac{E_\theta(\theta)}{60I_{\mathrm{m}}/r}\right|=\left|\frac{\cos(kl\cos\theta)-\cos(kl)}{\sin\theta}\right| \tag{1-4-5}$$

式(1－4－5)实际上也就是对称振子 E 面的方向函数；在对称振子的 H 面($\theta=90^\circ$ 的 xOy 面)上，方向函数与 φ 无关，其方向图为圆。

图1－4－4绘出了对称振子 E 面归一化方向图。由图可见，由于电基本振子在其轴向无辐射，因此对称振子在其轴向也无辐射；对称振子的辐射与其电长度 l/λ 密切相关。当 $l\leqslant 0.5\lambda$ 时，对称振子上各点电流同相，因此参与辐射的电流元越多，它们在 $\theta=90^\circ$ 方向上的辐射越强，波瓣宽度越窄。当 $l=0.5\lambda$ 时，对称振子上出现反相电流，也就开始出现副瓣。当对称振子的电长度继续增大至 $l=0.72\lambda$ 时，最大辐射方向将发生偏移。当 $l=\lambda$ 时，在 $\theta=90^\circ$ 的平面内就没有辐射了。

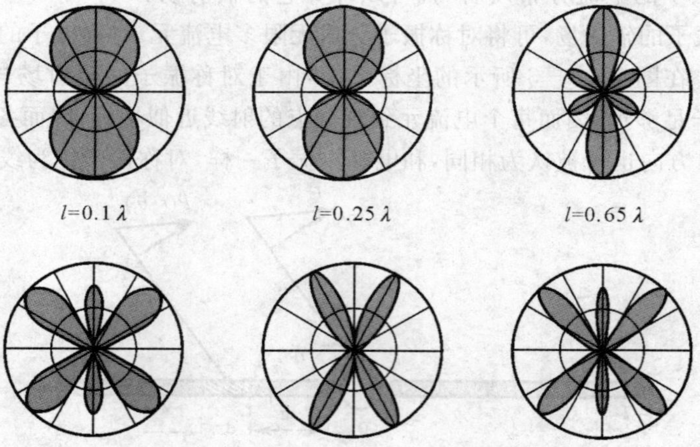

图1－4－4　对称振子 E 面方向图

根据方向系数的计算公式(1－2－19)和以波腹处电流 I_{m} 为归算电流，可计算出方向系数 D 和辐射电阻 R_r 与其电长度的关系如图1－4－5所示。由此图可看出，在一定频率范围内工作的对称振子，为保持一定的方向性，一般要求最高工作频率时，$l/\lambda_{\min}<0.7$。

在所有对称振子中，半波振子($l=0.25\lambda$，$2l=0.5\lambda$)最具有实用性，它广泛地应用于短波和超短波波段，它既可以作为独立天线使用，也可作为天线阵的阵元，还可用做微波波段天线的馈源。

将 $l=0.25\lambda$ 代入式(1-4-5)可得半波振子的方向函数

$$F(\theta)=\left|\frac{\cos\left(\frac{\pi}{2}\cos\theta\right)}{\sin\theta}\right| \tag{1-4-6}$$

其 E 面波瓣宽度为 78°。如图 1-4-5 所示，半波振子的辐射电阻为

$$R_{\mathrm{r}}=73.1\ \Omega \tag{1-4-7}$$

方向系数为

$$D=1.64 \tag{1-4-8}$$

比电基本振子的方向性稍强一点。

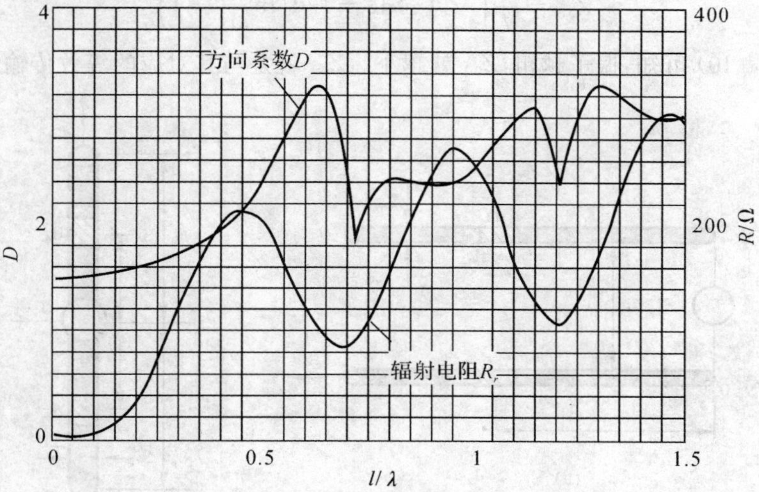

图 1-4-5　对称振子的方向系数与辐射电阻随一臂电长度变化的图形

三、对称振子的输入阻抗

由于对称振子的实用性，所以必须知道它的输入阻抗，以便与传输线相连。计算天线输入阻抗时，其值对输入端的电流非常敏感，而对称振子的实际电流分布与理想正弦分布在输入端和波节处又有一定的差别，因此若仍然认为振子上的电流分布为正弦分布，对称振子输入阻抗的计算会有较大的误差。为了较准确地计算对称振子的输入阻抗，除了采用精确的数值求解方法之外，工程上也常常采用“等值传输线法”。也就是说，考虑到对称振子与传输线的区别，可将对称振子经过修正等效成传输线后，再借助于传输线的阻抗公式来计算对称振子的输入阻抗。此方法计算简便，有利于工程应用。

对称振子可看做是由长为 l 的开路平行双导线构成的，它与传输线的区别及修正主要有以下两点：

(1) 平行双导线的对应线元间距离不变，结构沿线均匀，因此特性阻抗沿线不变；而对称振子对应线元间的距离沿振子臂的中心到末端从小到大变化，故其特性阻抗沿臂长相应地不断变大。对此的修正为用一平均特性阻抗来代替沿振子全长不断变化的特性阻抗。

(2) 传输线为非辐射结构，能量沿线传输，主要的损耗为导线的欧姆损耗；而对称振子为辐射电磁波的天线，恰好可忽略欧姆损耗。对此的修正为将对称振子的辐射功率看做是一种

电阻损耗，均匀分布在等效传输线上，并由此计算其衰减常数。经过这两点修正以后，对称振子最终可以等效成具有一平均特性阻抗的有耗传输线。

对称振子平均阻抗的求法如图 1-4-6 所示。设均匀双线的导线半径为 a，双线轴线间的距离为 D，则均匀双线的特性阻抗为

$$Z_0 = 120\ln\frac{D}{a} \tag{1-4-9}$$

由此，对称振子对应线元 $\mathrm{d}z$ 所对应的特性阻抗为 $120\ln(2z/a)$，它随 z 而变，对称振子的平均特性阻抗为

$$Z_{0A} = \frac{1}{l}\int_0^l Z_0(z)\mathrm{d}z = 120\left(\ln\frac{2l}{a} - 1\right) \tag{1-4-10}$$

由式(1-4-10)可知，振子越粗，Z_{0A} 就越小。Z_{0A} 就是与其对应的等效传输线的特性阻抗。

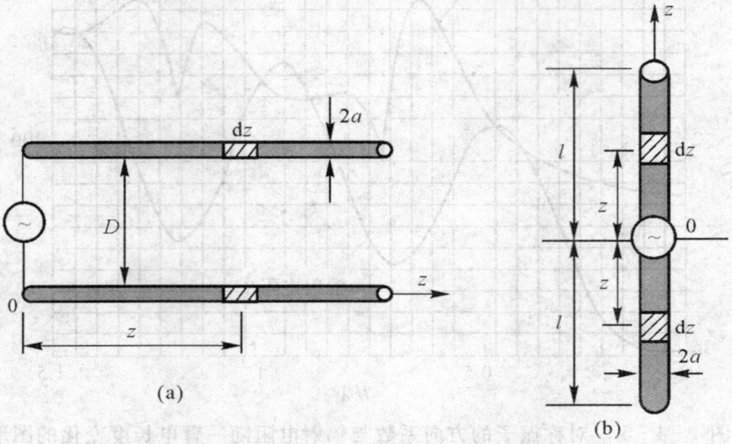

图 1-4-6　对称振子平均特性阻抗的计算

(a) 均匀双线；(b) 对称振子

前面已经指出，将对称振子的辐射功率看做是一种欧姆损耗均匀分布在天线的臂上。若设单位长度损耗电阻为 R_1，则

$$R_1 = \frac{\frac{1}{2}|I_m|^2R_r}{\int_0^l \frac{1}{2}|I(z)|^2\mathrm{d}z} = \frac{\frac{1}{2}|I_m|^2R_r}{\int_0^l \frac{1}{2}|I(z)|^2\sin^2[\beta(l-z)]\mathrm{d}z} = \frac{2R_r}{l\left[1-\frac{\sin(2\beta l)}{2\beta l}\right]} \tag{1-4-11}$$

式中，β 为传输线的相移常数。根据有耗传输线的理论，等效传输线的相移常数与分布电阻和特性阻抗的关系式为

$$\beta = k\sqrt{\frac{1}{2}\left[1+\sqrt{1+\left(\frac{R_1}{kZ_{0A}}\right)^2}\right]} \tag{1-4-12}$$

式中，$k=2\pi/\lambda$。衰减常数为

$$\alpha = \frac{R_1}{2Z_{0A}} = \frac{R_r}{Z_{0A}l\left(1-\frac{\sin 2\beta l}{2\beta l}\right)} \tag{1-4-13}$$

输入阻抗为

$$Z_{in}=Z_{0A}\frac{1}{\mathrm{ch}(2\alpha l)-\cos(2\beta l)}\left\{\mathrm{sh}(2\alpha l)-\frac{\alpha}{\beta}\sin(2\beta l)-\mathrm{j}\left[\frac{\alpha}{\beta}\mathrm{sh}(2\alpha l)+\sin(2\beta l)\right]\right\} \tag{1-4-14}$$

依据上述思路，可算出对称振子的输入阻抗与一臂电长度的变化曲线如图 1-4-7 所示，对称振子越粗，平均特性阻抗 Z_{0A} 越低，对称振子的输入阻抗随 l/λ 的变化越平缓，有利于改善频带宽度。由计算结果还可以得知，对称振子存在着一系列的谐振点。

在这些谐振点上，输入电抗为零，储存在近区中的电场和磁场无功能量是相等的。第一个谐振点位于 $l/\lambda\approx0.48$ 处；第二个谐振点位于 $l/\lambda\approx0.8\sim0.9$ 的范围内，虽然此时的输入电阻很大，但是频带特性不好。

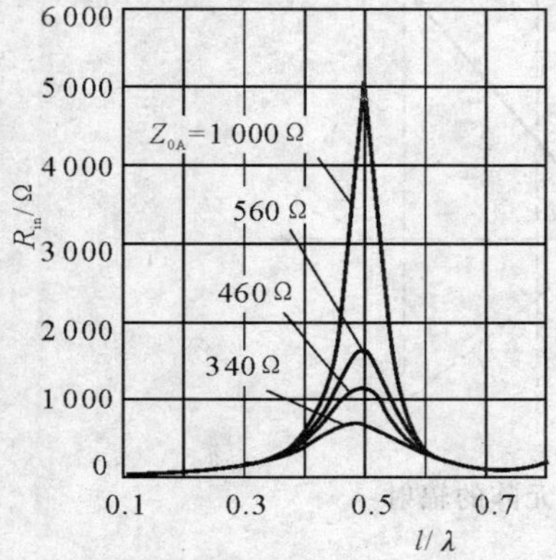

(a)

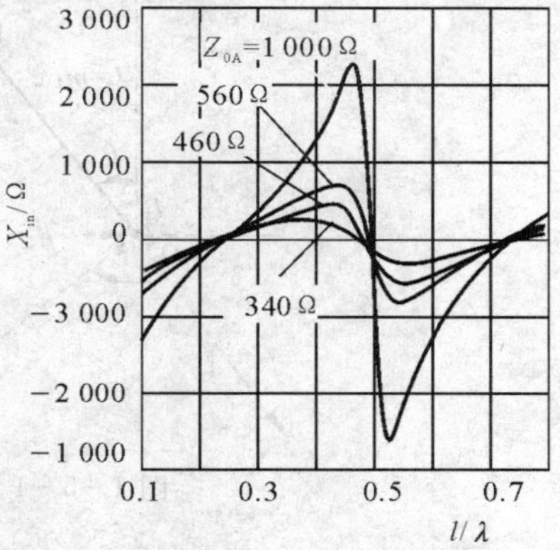

(b)

图 1-4-7　对称振子的输入阻抗曲线

实际上，上面的思路还是针对细振子的。当振子足够粗时，振子上的电流分布除了在输入端及波节点处有区别之外，由于振子末端具有较大的端面电容，末端电流实际上不为零，使得振子的等效长度增加，相当于波长缩短。这种现象称为末端效应。显然，天线越粗，波长缩短现象越严重。末端效应的理论分析非常复杂，因此波长缩短系数 $n=\beta/k=\lambda/\lambda_A$ 通常由实验测定。如将 $\beta=nk$ 代入式(1-4-13) 和式(1-4-14) 中，则较细的对称振子的输入阻抗计算将更为准确。

第五节　天线阵的方向性

单个天线的方向性是有限的，为了加强天线的定向辐射能力，可以采用天线阵(Arrays)。天线阵就是将若干个单元天线按一定方式排列而成的天线系统。排列方式可以是直线阵、平面阵和立体阵。实际的天线阵多用相似元组成。所谓相似元，是指各阵元的类型、尺寸相同，架设方位相同。天线阵的辐射场是各单元天线辐射场的矢量和。只要调整好各单元天线辐射场之间的相位差，就可以得到所需要的、更强的方向性。

一、二元阵的方向性

1. 方向图乘积定理(Pattern Multiplication)

顾名思义，二元阵(Two Element Array)是指组成天线阵的单元天线只有两个。虽然它是最简单的天线阵列，但是关于其方向性的讨论却适用于多元阵。如图 1－5－1 所示，假设有两个相似元以间隔距离 d 放置在 y 轴上构成一个二元阵，以天线 1 为参考天线，天线 2 相对于天线 1 的电流关系为

$$I_2 = mI_1 e^{j\xi} \tag{1-5-1}$$

式中，m，ξ 是实数。式(1－5－1)表明，天线 2 上的电流振幅是天线 1 的 m 倍，而其相位以相角 ξ 超前于天线 1。

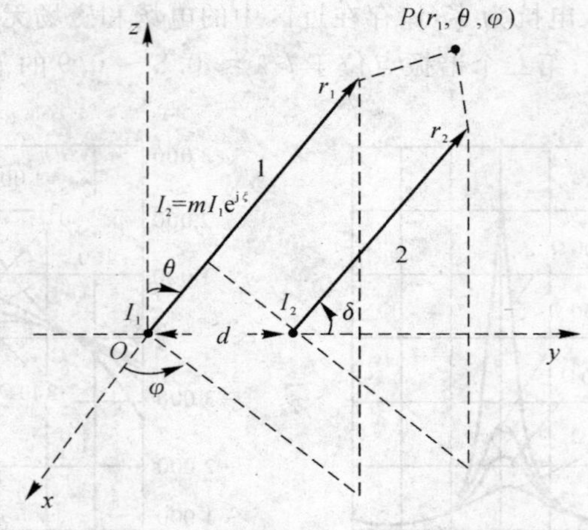

图 1－5－1　　二元阵的辐射

由于两天线空间取向一致，并且结构完全相同，因此对于远区辐射场而言，在可以认定它们到观察点的电波射线足够平行的前提下，两天线在观察点 $P(r_1, \theta, \varphi)$ 处产生的电场矢量方向相同，且相应的方向函数相等。即

$$E(\theta,\varphi) = E_1(\theta,\varphi) + E_2(\theta,\varphi) \tag{1-5-2}$$

$$f_1(\theta,\varphi) = f_2(\theta,\varphi) \tag{1-5-3}$$

式中

$$E_1(\theta,\varphi) = \frac{60 I_{m1}}{r_1} f_1(\theta,\varphi) e^{-jkr_1},\quad E_2(\theta,\varphi) = \frac{60 I_{m2}}{r_2} f_2(\theta,\varphi) e^{-jkr_2} \tag{1-5-4}$$

若忽略传播路径不同对振幅的影响，则 $r_1 \approx r_2$。

仍然选取天线 1 为相位参考天线，不计天线阵元间的耦合，则观察点处的合成场为

$$E(\theta,\varphi) = E_1(\theta,\varphi) + E_2(\theta,\varphi) = E_1(\theta,\varphi)(1 + m e^{j[\xi + k(r_1 - r_2)]})$$

在上式中，令 $r_1 - r_2 = \Delta r$，则

$$\Psi = \xi + k(r_1 - r_2) = \xi + k\Delta r \tag{1-5-5}$$

于是

$$E(\theta,\varphi) = E_1(\theta,\varphi)(1 + m e^{j\Psi}) \tag{1-5-6}$$

式(1－5－5)中的 Ψ 代表了天线 2 在(θ,φ)方向上相对于天线 1 的相位差。它由两部分组成，一部分是电流的初始激励相位差，是一个常数，不随方位而变；另一部分是由路径差导致的波程差，只与空间方位有关。在图 1－5－1 所示的坐标系中，路径差

$$\Delta r = d\cos\delta \tag{1-5-7}$$

式中，δ 为电波射线与天线阵轴线之间的夹角。Δr 在坐标系中的具体表达式，依赖于具体的排阵方式。

根据式(1-5-6),如果以天线1为计算方向函数的参考天线,将式(1-5-6)的两边同时除以 $60I_{m1}/r_1$,则天线阵的合成方向函数 $f(\theta,\varphi)$ 写为

$$f(\theta,\varphi)=f_1(\theta,\varphi)f_a(\theta,\varphi) \tag{1-5-8}$$

式中

$$f_a(\theta,\varphi)=|1+me^{j\Psi}| \tag{1-5-9}$$

式(1-5-8)表明,天线阵的方向函数可以由两项相乘而得。

第一项 $f_1(\theta,\varphi)$ 称为元因子(Primary Pattern),它与单元天线的结构及架设方位有关;第二项 $f_a(\theta,\varphi)$ 称为阵因子(Array Pattern),取决于两天线的电流比以及相对位置,与单元天线无关。也就是说,由相似元组成的二元阵,其方向函数(或方向图)等于单元天线的方向函数(或方向图)与阵因子(或方向图)的乘积,这就是方向图乘积定理。它在分析天线阵的方向性时有很大作用。以后将会进一步了解到方向图乘积定理仍然适用于由相似元组成的多元阵。

当单元天线为点源,即 $f_1(\theta,\varphi)=1$ 时,$f(\theta,\varphi)=f_a(\theta,\varphi)$。在形成二元阵方向性的过程中,阵因子 $f_a(\theta,\varphi)$ 的作用十分重要。对二元阵来说,由阵因子绘出的方向图是围绕天线阵轴线回旋的空间图形。通过调整间隔距离 d 和电流比 I_{m2}/I_{m1},最终调整相位差 $\Psi(\theta,\varphi)$,可以设计方向图形状。

由式(1-5-9)知,当 m 为正实数时,阵因子取最大值、最小值及其条件分别为

$$f_{\text{amax}}(\theta,\varphi)=1+m,\quad \Psi(\theta,\varphi)=\xi+k\Delta r=\pm 2n\pi;\quad n=0,1,2,\cdots \tag{1-5-10}$$

$$f_{\text{amin}}(\theta,\varphi)=|1-m|,\quad \Psi(\theta,\varphi)=\xi+k\Delta r=\pm(2n+1)\pi;\quad n=0,1,2,\cdots \tag{1-5-11}$$

二、均匀直线阵

为了更进一步加强阵列天线的方向性,阵元数目需要加多,最简单的多元阵就是均匀直线阵(Uniform Linear Arrays)。所谓均匀直线阵,就是所有单元天线结构相同,并且等间距、等幅激励而相位沿阵轴线呈依次等量递增或递减的直线阵。如图1-5-2所示,N 个天线元沿 y 轴排列成一行,且相邻阵元之间的距离相等,都为 d,电流激励为 $I_n=I_{n-1}e^{j\xi}(n=2,3,\cdots,N)$,根据方向图乘积定理,均匀直线阵的方向函数等于单元天线的方向函数与直线阵阵因子的乘积。

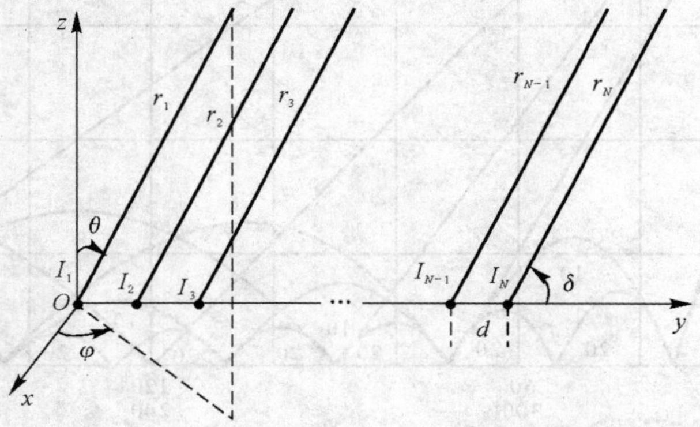

图1-5-2　均匀直线阵坐标图

设坐标原点(单元天线 1)为相位参考点,当电波射线与阵轴线成 δ 角度时,相邻阵元在此方向上的相位差为 $\Psi(\delta)=\xi+kd\cos\delta$,$N$ 元均匀直线阵的阵因子与二元阵的讨论相似。

在实际应用中,不仅要让单元天线的最大辐射方向尽量与阵因子一致,而且单元天线多采用弱方向性天线,因此均匀直线阵的方向性调控主要通过调控阵因子来实现。因此下面的讨论主要针对阵因子,至于均匀直线天线阵的总方向图,只要将阵因子再乘以单元天线的方向图就可以得到了。

如图 1-5-3 所示是 N 元均匀直线阵的归一化阵因子随 Ψ 的变化图形,称为均匀直线阵的通用方向图。由阵因子的分析可以得知,归一化阵因子 $F_a(\Psi)$ 是 Ψ 的周期函数,周期为 2π。在 $\Psi\in(0\sim2\pi)$ 的区间内,函数值为 1 发生在 $\Psi=0,2\pi$ 处,对应着方向图的主瓣或栅瓣(该瓣的最大值与主瓣的最大值一样大);由于阵因子的分母随 Ψ 的变化比分子要慢得多,因此阵因子有 $N-2$ 个函数值小于 1 的极大值,发生在分子为 1 的条件下,即

$$\Psi_m=\frac{(2m+1)\pi}{N}\quad m=1,2,\cdots,N-2 \tag{1-5-12}$$

处,对应着方向图副瓣;有 $N-1$ 个零点,发生在分子为零而分母不为零时,即

$$\Psi_0=\frac{2m\pi}{N}\quad m=1,2,\cdots,N-1 \tag{1-5-13}$$

处,第一个零点为 $\Psi_{01}=2\pi/N$。由于 δ 的可取值范围为 $0°\sim180°$,与此对应的 Ψ 变化范围为 $-kd+\xi<\Psi<kd+\xi$。

Ψ 的这个变化范围称为可视区。只有可视区中 Ψ 所对应的 $F(\Psi)$ 才是均匀直线阵的阵因子。Ψ 的可视区的大小与 d 有关,d 越大,可视区越大。可视区内的方向图形状与 d 和 ξ 同时有关,d 与 ξ 的适当配合才能获得良好的阵因子方向图。

将 Ψ 与 δ 的关系式代入阵因子表达式后,即可绘出阵因子的极坐标方向图。同样,将 Ψ 与 δ 的关系式代入计算阵因子的副瓣、零点的公式中,可以计算极坐标方向图中副瓣和零点的位置。

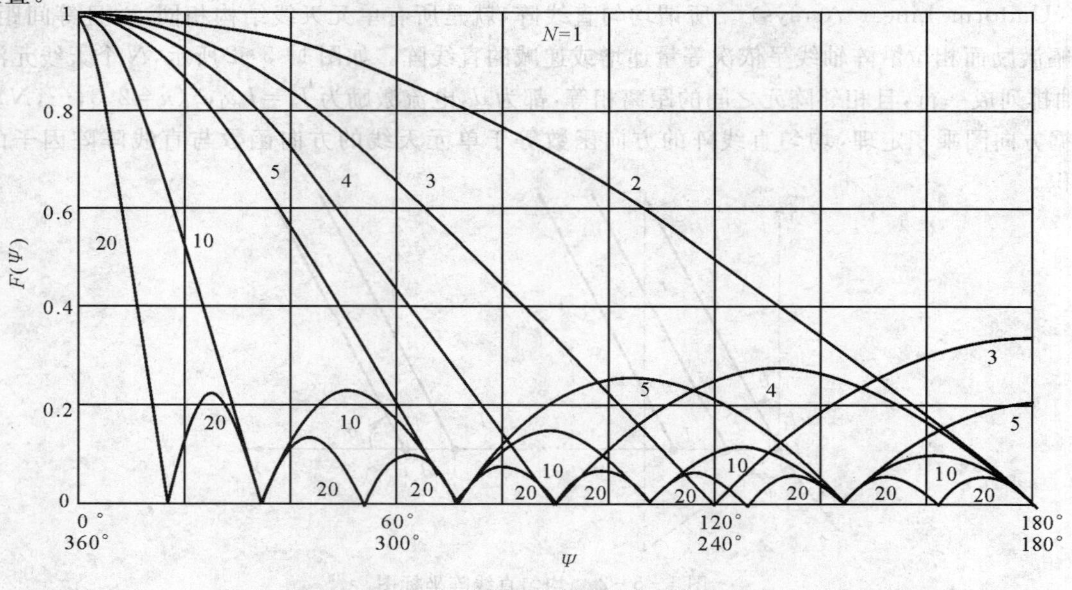

图 1-5-3　N 元均匀直线阵的归一化阵因子随 Ψ 的变化图

第六节　对称振子阵的阻抗特性

当两个以上的天线排阵时，某一单元天线除受本身电流产生的电磁场作用之外，还要受到阵中其他天线上的电流产生的电磁场作用。有别于单个天线被置于自由空间的情况，这种电磁耦合（或感应）的结果将会导致每个单元天线的电流和阻抗都要发生变化。此时，可以认为单元天线的阻抗由两部分组成，即一部分是不考虑相互耦合影响时本身的阻抗，称为自阻抗；另一部分是由相互感应作用而产生的阻抗，称为互阻抗。对于对称振子阵，互阻抗可以利用感应电动势法比较精确地求出，因此这一节以对称振子阵为例介绍天线阵的阻抗特性，其基本思路仍可适用于其他天线阵。

一、二元阵的阻抗

设空间有两个耦合振子排列，如图 1－6－1 所示，两振子上的电流分布分别为 $I_1(z_1)$ 和 $I_2(z_2)$。以振子 1 为例，由于振子 2 上的电流 $I_2(z_2)$ 会在振子 1 上 z_1 处线元 $\mathrm{d}z_1$ 表面上产生切向电场分量 E_{12}，并在 $\mathrm{d}z_1$ 上产生感应电动势 $E_{12}\mathrm{d}z_1$，所以根据理想导体的切向电场应为零的边界条件，振子 1 上电流 $I_1(z_1)$ 必须在线元 $\mathrm{d}z_1$ 处产生 $-E_{12}$，以满足总的切向电场为零，也就是说，振子 1 上电流 $I_1(z_1)$ 也必须在 $\mathrm{d}z_1$ 上产生一个反向电动势 $-E_{12}\mathrm{d}z_1$。

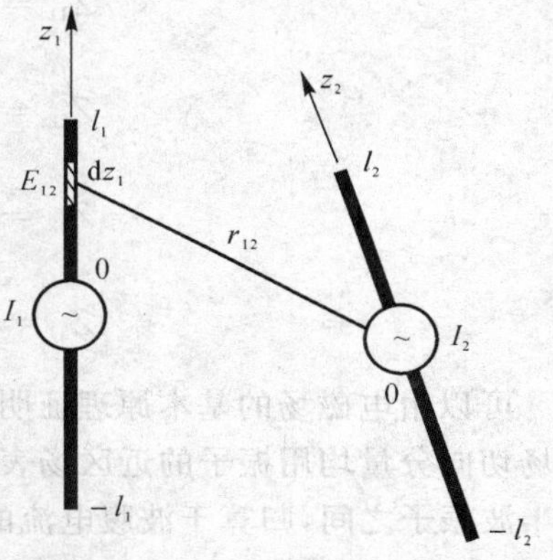

图 1－6－1　两个耦合振子排列

为了维持这个反向电动势，振子 1 的电源必须额外提供的功率为

$$\mathrm{d}P_{12}=-\frac{1}{2}I_1^*(z_1)E_{12}\mathrm{d}z_1 \qquad (1-6-1)$$

因为理想导体既不消耗功率，也不能储存功率，因此 $\mathrm{d}P_{12}$ 被线元 $\mathrm{d}z_1$ 辐射到空中，它实际上就是感应辐射功率。由此，振子 1 在振子 2 的耦合下产生的总感应辐射功率为

$$P_{12}=\int_{-l_1}^{l_1}\mathrm{d}P_{12}=-\frac{1}{2}\int_{-l_1}^{l_1}I_1^*(z_1)E_{12}\mathrm{d}z_1 \qquad (1-6-2)$$

同理，振子 2 在振子 1 的耦合下产生的总感应辐射功率为

$$P_{21}=\int_{-l_2}^{l_2}\mathrm{d}P_{21}=-\frac{1}{2}\int_{-l_2}^{l_2}I_2^*(z_2)E_{21}\mathrm{d}z_2 \qquad (1-6-3)$$

耦合振子阵中，振子 1 和 2 的总辐射功率应分别写为

$$\left.\begin{aligned}P_{r1}=P_{11}+P_{12}\\P_{r2}=P_{21}+P_{22}\end{aligned}\right\} \qquad (1-6-4)$$

式中，P_{11} 和 P_{22} 分别为振子单独存在时对应 I_{m1} 和 I_{m2} 的自辐射功率。可以将式(1－6－4)推广而直接写出 P_{11} 和 P_{22} 的表达式

$$P_{11}=\int_{-l_1}^{l_1}\mathrm{d}P_{11}=-\frac{1}{2}\int_{-l_1}^{l_1}I_1^*(z_1)E_{11}\mathrm{d}z_1 \qquad (1-6-5)$$

$$P_{22}=\int_{-l_2}^{l_2}\mathrm{d}P_{22}=-\frac{1}{2}\int_{-l_2}^{l_2}I_2^*(z_2)E_{22}\mathrm{d}z_2 \qquad (1-6-6)$$

如果仿照网络电路方程，引入分别归算于 I_{m1} 和 I_{m2} 的等效电压 U_1 和 U_2，则振子 1 和 2 的总辐射功率可表示为

$$\left.\begin{aligned} P_{r1} &= \frac{1}{2} U_1 I_{m1}^* \\ P_{r2} &= \frac{1}{2} U_2 I_{m2}^* \end{aligned}\right\} \tag{1-6-7}$$

回路方程可写为

$$\left.\begin{aligned} U_1 &= I_{m1} Z_{11} + I_{m2} Z_{12} \\ U_2 &= I_{m1} Z_{21} + I_{m2} Z_{22} \end{aligned}\right\} \tag{1-6-8}$$

式中，Z_{11}，Z_{22} 分别为归算于波腹电流 I_{m1}，I_{m2} 的自阻抗(Self-impedance)；Z_{12} 为归算于 I_{m1}，I_{m2} 的振子 2 对振子 1 的互阻抗(Mutual-impedance)，Z_{21} 为归算于 I_{m2}，I_{m1} 的振子 1 对振子 2 的互阻抗。它们各自的计算公式如下：

$$\left.\begin{aligned} Z_{11} &= -\frac{1}{|I_{m1}|^2} \int_{-l_1}^{l_1} I_1^*(z_1) E_{11} \mathrm{d}z_1 \\ Z_{22} &= -\frac{1}{|I_{m2}|^2} \int_{-l_2}^{l_2} I_2^*(z_2) E_{22} \mathrm{d}z_2 \\ Z_{12} &= -\frac{1}{I_{m1} I_{m2}} \int_{-l_1}^{l_1} I_1^*(z_1) E_{12} \mathrm{d}z_1 \\ Z_{21} &= -\frac{1}{I_{m_1} I_{m2}^*} \int_{-l_2}^{l_2} I_2^*(z_2) E_{21} \mathrm{d}z_2 \end{aligned}\right\} \tag{1-6-9}$$

可以由电磁场的基本原理证明互易性：$Z_{12}=Z_{21}$。在用式(1-6-9)计算时，所有沿电流的电场切向分量均用振子的近区场表达式。图 1-6-2 和图 1-6-3 分别给出了二齐平行、二共线半波振子之间，归算于波腹电流的互阻抗计算曲线(图中 l,a 的定义参见图 1-4-1)。

从该曲线可以看出，当间隔距离 $d>5\lambda$ 时，二齐平行半波振子之间的互阻抗可以忽略不计；当间隔距离 $h>2\lambda$ 时，二共线半波振子之间的互阻抗可以忽略不计。至于任意放置、任意长度的振子之间的互阻抗计算可以查阅有关文献，而这些互阻抗的计算对于天线阵电参数的分析是十分重要的。应该指出的是，二重合振子的互阻抗即是自阻抗。当 $a/l=0.0001$ 时，半波振子的自阻抗为 $73.1+\mathrm{j}42.5\ \Omega$。将式(1-6-8)的第一式两边同除以 I_{m1}，式(1-6-8)的第二式两边同除以 I_{m2}，则可得出振子 1 和振子 2 的辐射阻抗为

$$\left.\begin{aligned} Z_{r1} &= \frac{U_1}{I_{m1}} = Z_{11} + \frac{I_{m2}}{I_{m1}} Z_{12} \\ Z_{r2} &= \frac{U_2}{I_{m2}} = Z_{22} + \frac{I_{m1}}{I_{m2}} Z_{21} \end{aligned}\right\} \tag{1-6-10}$$

如果计算二元振子阵的总辐射阻抗，依据二元阵总辐射功率等于两振子辐射功率之和，即

$$P_{r\Sigma} = P_{r1} + P_{r2} = \frac{1}{2} |I_{m1}|^2 Z_{r1} + \frac{1}{2} |I_{m2}|^2 Z_{r2} \tag{1-6-11}$$

选定振子 1 的波腹电流为归算电流，则

$$P_{r\Sigma} = \frac{1}{2} |I_{m1}|^2 Z_{r\Sigma(1)} \tag{1-6-12}$$

于是，以振子 1 的波腹电流为归算电流的二元阵的总辐射阻抗为

$$Z_{r\Sigma(1)} = Z_{r1} + \left|\frac{I_{m2}}{I_{m1}}\right|^2 Z_{r2} \tag{1-6-13}$$

如果同样以振子 1 的波腹电流 I_{m1} 为归算电流来计算二元阵的方向函数，根据式(1-2-23)，则二元阵的最大方向系数为

$$D = \frac{120 f^2_{\max(1)}}{R_{r\Sigma(1)}} \tag{1-6-14}$$

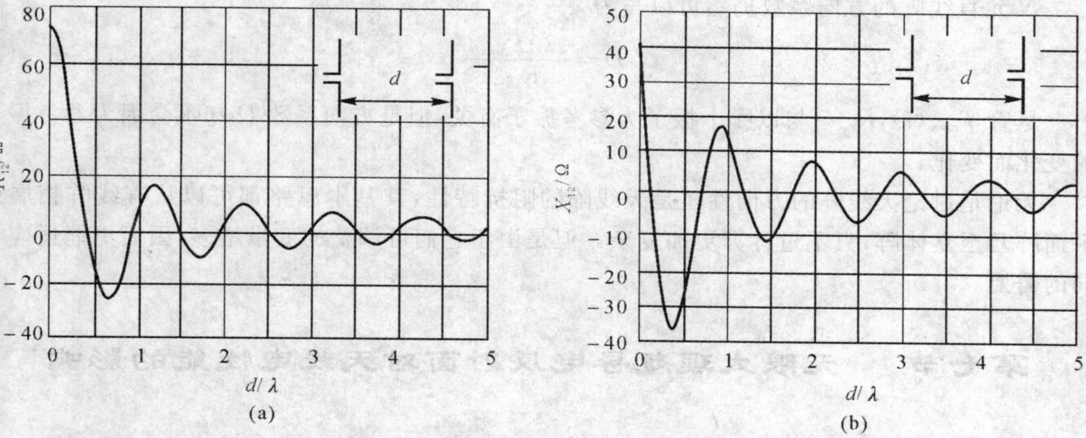

图 1-6-2　二齐平行半波振子归算于波腹电流的互阻抗计算曲线($a = 0.000\,1l$)

(a)$R_{12} \sim d/\lambda$；(b)$X_{12} \sim d/\lambda$

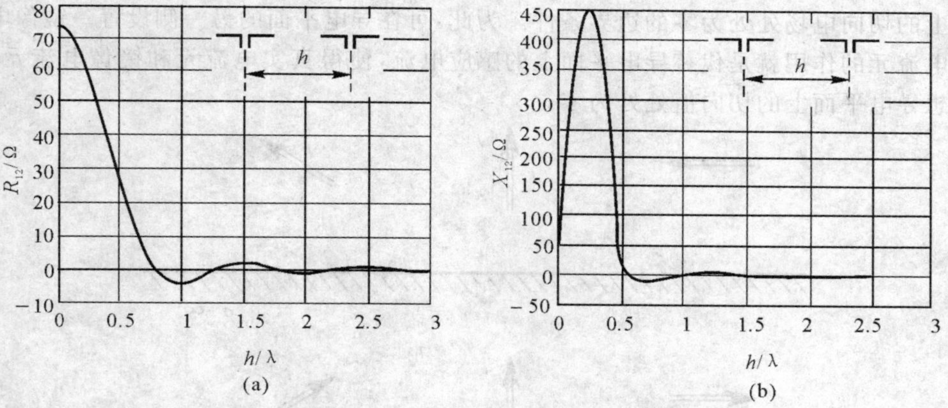

图 1-6-3　二共线半波振子归算于波腹电流的互阻抗计算曲线($a = 0.000\,1l$)

(a)$R_{12} \sim h/\lambda$；(b)$X_{12} \sim h/\lambda$

二、直线阵的阻抗

N 元直线阵的阻抗可以由二元阵的结果推广而成。各振子的辐射阻抗为

$$\left.\begin{aligned}
Z_{r1} &= Z_{11} + \frac{I_{m2}}{I_{m1}} Z_{12} + \cdots + \frac{I_{mN}}{I_{m1}} Z_{1N} \\
Z_{r2} &= \frac{I_{m1}}{I_{m2}} Z_{21} + Z_{22} + \cdots + \frac{I_{mN}}{I_{m2}} Z_{2N} \\
&\cdots\cdots \\
Z_{rN} &= \frac{I_{m1}}{I_{mN}} Z_{N1} + \frac{I_{m2}}{I_{m1}} Z_{N2} + \cdots + Z_{NN}
\end{aligned}\right\} \tag{1-6-15}$$

如果以第 $i(i=1,\cdots,N)$ 个振子的波腹电流 I_{mi} 为归算电流，则天线阵的总辐射阻抗同样可以仿照式(1-6-13)写为

$$Z_{r\Sigma(1)}=\left|\frac{I_{m1}}{I_{mi}}\right|^2 Z_{r1}+\left|\frac{I_{m2}}{I_{mi}}\right|^2 Z_{r2}+\cdots+Z_{ri}+\cdots+\left|\frac{I_{mN}}{I_{mi}}\right|^2 Z_{rN} \quad (1-6-16)$$

N 元直线阵的方向系数仍然可以写为

$$D=\frac{120 f^2_{\max(i)}}{R_{r\Sigma(i)}} \quad (1-6-17)$$

尽管 $f_{\max}(i)$，$R_{r_{\Sigma(i)}}$ 与以哪个振子为参考振子有关，但是方向系数 D 却不会因为参考振子的变化而变化。

无论是讨论天线阵的方向性还是天线阵的阻抗特性，其基本思路都可以从直线阵拓展到平面阵乃至立体阵，只不过计算更加复杂。但是由于它们可调整的变量增多，因而更能适应不同的需要。

第七节　无限大理想导电反射面对天线电性能的影响

一、天线的镜像

根据镜像原理，讨论一个电流元在无限大理想导电平面上的辐射场时，应满足在该理想导电平面上的切向电场处处为零的边界条件。为此，可在导电平面的另一侧设置一镜像电流元，该镜像电流元的作用就是代替导电平面上的感应电流，使得真实电流元和镜像电流元的合成场在理想导电平面上的切向值处处为零。

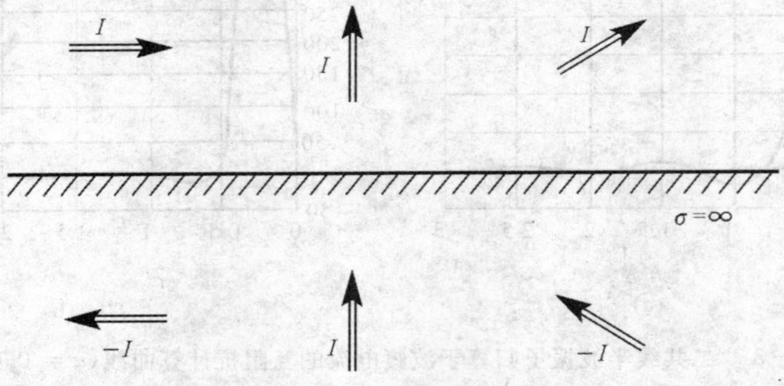

图 1-7-1　电流元的镜像

由于镜像电流元不位于求解空间内，因而在真实电流元所处的上半空间，一个电流元在无限大理想导电平面上的辐射场就可以由真实电流元与镜像电流元的合成场而得到。不难求出，如图 1-7-1 所示，水平电流元的镜像为理想导电平面另一侧对称位置处的等幅反向电流元，称为负镜像；而垂直电流元的镜像为理想导电平面另一侧对称位置处的等幅同相电流元，称为正镜像；倾斜电流元的镜像与水平电流元的镜像相同，也为对称位置处的负镜像。值得强调的是，镜像法只在真实电流元所处的半空间内有效。对于电流分布不均匀的实际天线，可以把它分解成许多电流元，所有电流元的镜像集合起来即为整个天线的镜像。如图 1-7-2 所示，水平线天线的镜像一定为负镜像；垂直对称线天线的镜像为正镜像。至于垂直架设的驻波

单导线，其镜像的正负视单导线的长度 l 而定。例如，对于 $l=\lambda/2$ 的驻波单导线，其镜像为正，而对于 $l=\lambda$ 的驻波单导线，其镜像为负。

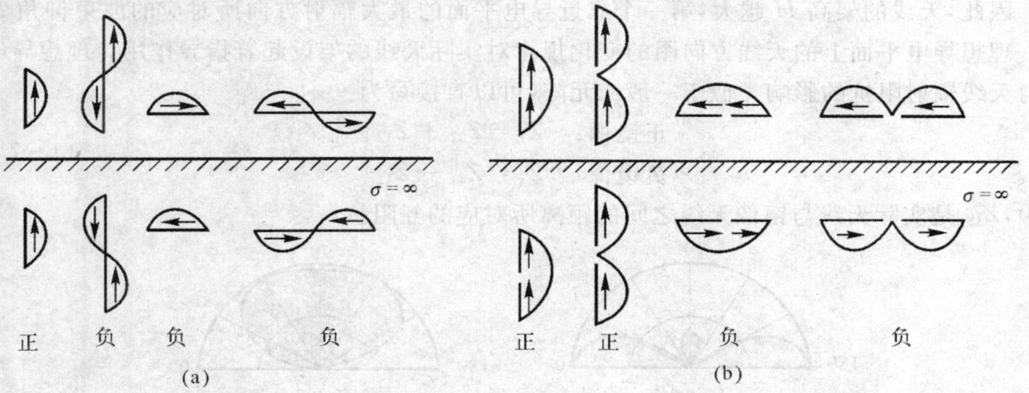

图 1-7-2　线天线的镜像

(a) 驻波单导线；(b) 对称振子

二、无限大理想导电反射面对天线电性能的影响

分析无限大理想导电反射面对天线电性能的影响主要有两个方面，一是对方向性的影响，二是对阻抗特性的影响。这些都可以用等幅同相或等幅反相二元阵来处理。

如图 1-7-3 所示的坐标系统，以实际天线的电流 I 为参考电流，当天线的架高为 H 时，镜像天线相对于实际天线之间的波程差为 $-2KH\sin\Delta$，于是由实际天线与镜像天线构成的二元阵的阵因子为

$$\left.\begin{aligned}&\text{正镜像时：}\quad F_a(\Delta)=\cos(KH\sin\Delta)\\&\text{负镜像时：}\quad F_a(\Delta)=\sin(KH\sin\Delta)\end{aligned}\right\}\tag{1-7-1}$$

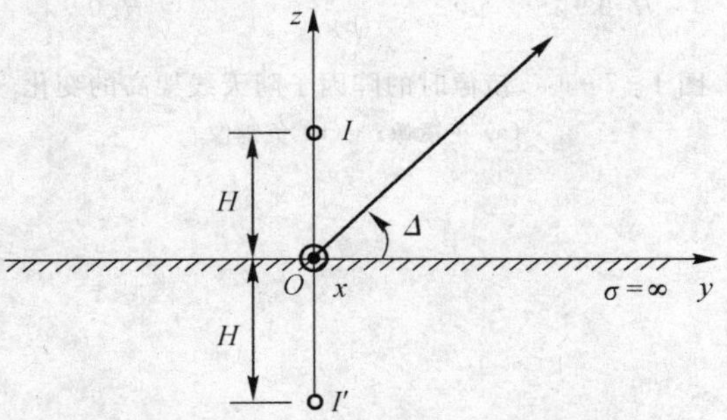

图 1-7-3　理想导电平面上天线的坐标图

正、负镜像时的阵因子随天线架高的变化如图 1-7-4 所示。天线架得越高，阵因子的波瓣个数越多。沿导电平面方向，正镜像始终是最大辐射，负镜像始终是零辐射，负镜像阵因子的零辐射方向和正镜像阵因子的最大辐射方向互换位置；反之亦然。

根据相位差的分析，不难得出，负镜像情况下，最靠近导电平面的第一最大辐射方向对应的波束仰角 Δ_{m1} 所满足的条件为

$$\Delta_{\mathrm{m1}}=\arcsin\frac{\lambda}{4H} \qquad (1-7-2)$$

因此，天线的架高 H 越大，第一个靠近导电平面的最大辐射方向所对应的波束仰角 Δ 越小。理想导电平面上的天线方向图的变化规律对实际天线的架设起着指导作用。理想导电平面对天线辐射阻抗的影响类似于一般二元阵，可以直接写为

$$\left.\begin{array}{ll}\text{正镜像：} & Z_{\mathrm{r}}=Z_{11}+Z_{12}\\ \text{负镜像：} & Z_{\mathrm{r}}=Z_{11}-Z_{12}\end{array}\right\} \qquad (1-7-3)$$

式中，Z_{12} 是实际天线与镜像天线之间的距离所对应的互阻抗。

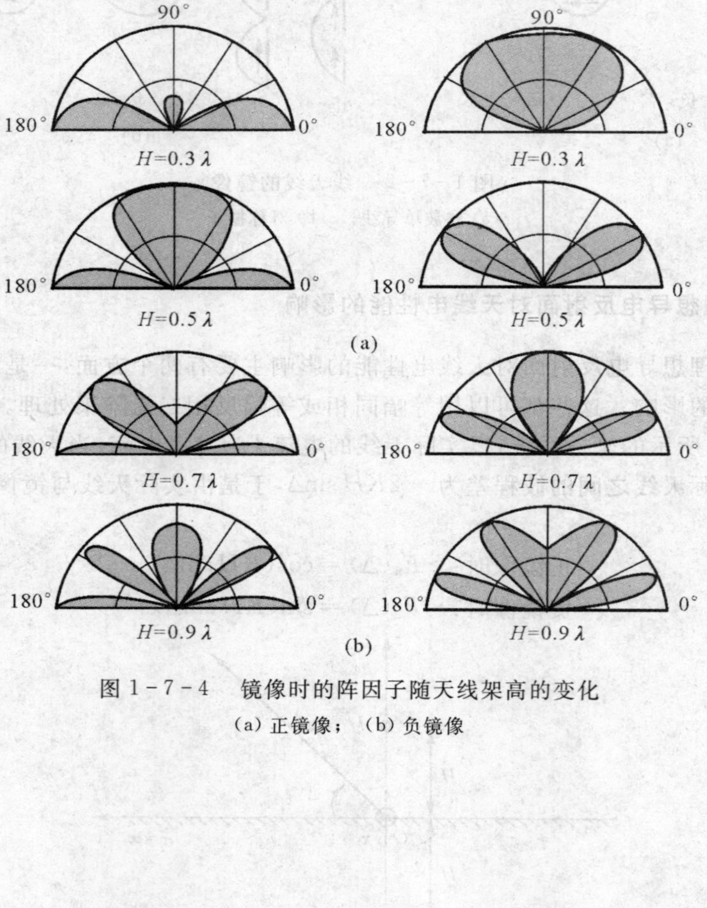

图 1-7-4　镜像时的阵因子随天线架高的变化

(a) 正镜像；(b) 负镜像

第二章　自由空间波传播

第一节　概　述

一、电磁波谱

人类正在观测研究和利用的电磁波，其频率低至千分之几赫（地磁脉动），高达 10^{30} Hz 量级（宇宙射线），相应的波长从 10^{11} m 短至 10～20 m 以下。按序排列的频率分布称为频谱（或波谱），在整个电磁波谱中，无线电波频段（Radio Frequency Band）的划分如表 2-1-1 所示。

表 2-1-1　无线电波频段的划分

带号	频带名称	频率范围	名称	波长范围
-1	至低频(TLF)	0.03～0.3 Hz	至长波	10 000～1 000 Mm
0	至低频(TLF)	0.3～3 Hz	至长波	1 000～100 Mm
1	极低频(ELF)	3～30 Hz	极长波	100～10 Mm
2	超低频(SLF)	30～300 Hz	超长波	10～1 Mm
3	特低频(ULF)	300～3 000 Hz	特长波	1 000～100 km
4	甚低频(VLF)	3～30 kHz	甚长波	100～10 km
5	低频(LF)	30～300 kHz	长波	10～1 km
6	中频(MF)	300～3 000 kHz	中波	1 000～100 m
7	高频(HF)	3～30 MHz	短波	100～10 m
8	甚高频(VHF)	30～300 MHz	米波	10～1 m
9	特高频(UHF)	300～3 000 MHz	分米波	10～1 dm
10	超高频(SHF)	3～30 GHz	厘米波	10～1 cm
11	极高频(EHF)	30～300 GHz	毫米波	10～1 mm
12	至高频(THF)	300～3 000 GHz	丝米波或亚毫米波	10～1 dmm

从电波传播特性出发，并考虑到系统技术问题，频段的典型应用如下：

(1) 超低频：典型应用为地质结构（包括孕震效应）探测，电离层与磁层研究，对潜通信，地震电磁辐射前兆检测。超低频由于波长太长，所以辐射系统庞大且效率低，人为系统难以建立，主要由太阳风与磁层相互作用、雷电及地震活动所激发。近来在频段高端已有人为发射系统用于对潜艇发射简单指令和地震活动中深地层特性变化的检测。

(2) 极低频:典型应用为对潜通信,地下通信,极稳定的全球通信,地下遥感,电离层与磁层研究。由于频率低,所以信息容量小,信息速率低(约 1b/s)。该频段中,垂直极化的天线系统不易建立,并且受雷电干扰强。

(3) 甚低频:典型应用为 Omega(美)、α(俄)超远程及水下相位差导航系统,全球电报通信及对潜指挥通信,时间频率标准传递,地质探测。该波段难于实现电尺寸高的垂直极化天线和定向天线,传输数据率低,雷电干扰也比较强。

(4)低频:典型应用为 Loran-C (美) 及我国长河二号远程脉冲相位差导航系统,时间频率标准传递,远程通信广播。该频段不易实现定向天线。

(5) 中频:用于广播、通信、导航(机场着陆系统)。采用多元天线可实现较好的方向性,但是天线结构庞大。

(6) 高频:用于远距离通信广播,超视距天波及地波雷达,超视距地-空通信。

(7) 米波:用于语音广播,移动(包括卫星移动)通信,接力(0 ~ 50 km 跳距)通信,航空导航信标,以及容易实现具有较高增益系数的天线系统。

(8) 分米波:用于电视广播,飞机导航、着陆,警戒雷达,卫星导航,卫星跟踪、数据传递及指令网,蜂窝无线电通信。

(9) 厘米波:用于多路语音与电视信道、雷达、卫星遥感、固定及移动卫星信道。

表 2-1-2　微波信道常用字母代码和业务频段对应表

字母代码	雷达		空间无线电通信	
	频率范围 /GHz	举例 /GHz	标称频段	举例 /GHz
L	1 ~ 2	1.215 ~ 1.4	1.5 GHz 频段	1.525 ~ 1.710
S	2 ~ 4	2.3 ~ 2.5 2.7 ~ 3.4	2.5 GHz 频段	2.5 ~ 2.690
C	4 ~ 8	5.25 ~ 5.85	4/6 GHz 频段	3.4 ~ 4.2 4.5 ~ 4.8 5.85 ~ 7.075
X	8 ~ 12	8.5 ~ 10.5		
Ku	12 ~ 18	13.4 ~ 14.0 15.7 ~ 17.3	11/14 GHz 频段 12/14 GHz 频段	10.7 ~ 13.25 14.0 ~ 14.5
K	18 ~ 27	24.05 ~ 24.25	20 GHz 频段	17.7 ~ 20.2
Ka	27 ~ 40	33.4 ~ 36.0	30 GHz 频段	27.5 ~ 30.0
V	40 ~ 75	46 ~ 56	40 GHz 频段	37.5 ~ 42.5 47.2 ~ 50.2

(10) 毫米波:用于短路径通信、雷达、卫星遥感。此波段及以上波段的系统设备和技术有待进一步发展。

(11) 亚毫米波:用于短路径通信。

二、几种主要的电波传播方式

电波传播特性同时取决于媒质结构特性和电波特征参量。对于一定频率和极化的电波与特定媒质条件相匹配，将具有某种占优势的传播方式。常用的电波传播方式分为以下 3 种。

1. 地面波传播

如图 2-1-1 所示，电波沿着地球表面传播的方式称为地面波传播。此种方式要求天线的最大辐射方向沿着地面，采用垂直极化，工作的频率多位于超长、长、中和短波波段，地面对电波的传播有着强烈的影响。这种传播方式的优点是传播的信号质量好，但是频率越高，地面对电波的吸收越严重。

图 2-1-1　地面波传播

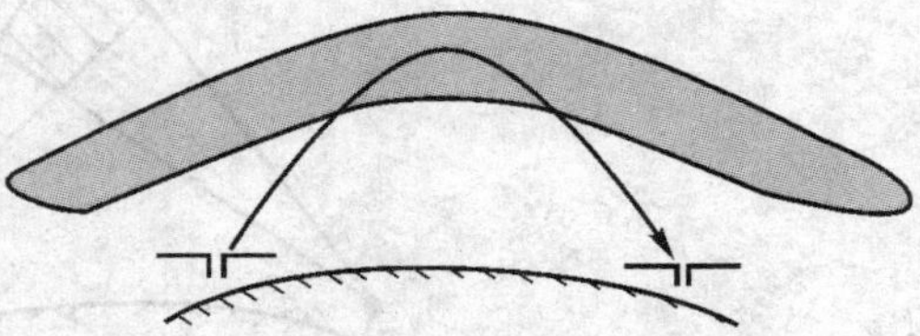

图 2-1-2　天波传播

2. 天波传播

如图 2-1-2 所示，发射天线向高空辐射的电波在电离层内经过连续折射而返回地面到达接收点的传播方式称为天波传播。尽管中波、短波都可以采用这种传播方式，但是仍然以短波为主。它的优点是能以较小的功率进行可达数千千米的远距离传播。天波传播的规律与电离层密切相关，由于电离层具有随机变化的特点，因此天波信号的衰减现象也比较严重。

3. 视距传播

如图 2-1-3 所示，电波依靠发射天线与接收天线之间的直视的传播方式称为视距传播。它可以分为地-地视距传播和地-空视距传播。视距传播的工作频段为超短波及微波波段。此种工作方式要求天线具有强方向性并且有足够高的架设高度。信号在传播中所受到的主要影响是视距传播中的直射波和地面反射波之间的干涉。在几千兆赫和更高的频率上，还必须考虑雨和大气成分的衰减及散射作用。在较高的频率上，山、建筑物和树木等对电磁波的散射和绕射作用变得更加显著。

(a)　　(b)　　(c)

图 2-1-3　视距传播

除了上述3种基本的传播方式外，还有散射传播，如图 2-1-4 所示。散射传播是利用低空对流层、高空电离层下缘的不均匀的“介质团”对电波的散射特性来达到传播目的的。散射传播的距离可以远远超过地-地视距传播的视距。对流层散射主要用于 100 MHz ～ 10 GHz 频段，传播距离 $r<800$ km；电离层散射主要用于 30～100 MHz 频段，传播距离 $r>1\ 000$ km。散射通信的主要优点是距离远、抗毁性好、保密性强。此外，针对特殊场合所提出的电波传播方式还有很多，如磁层传播，电离层波导传播，卫星通信的电波传播，人为电离层散射通信，地（海）下传播，等等。由于篇幅限制，在此不再赘述，有兴趣的读者可参考相关书籍。

在各种传播方式中，媒质的电参数（包括介电常数、磁导率与电导率）的空间分布和时间变化及边界状态，是传播特性的决定性因素。

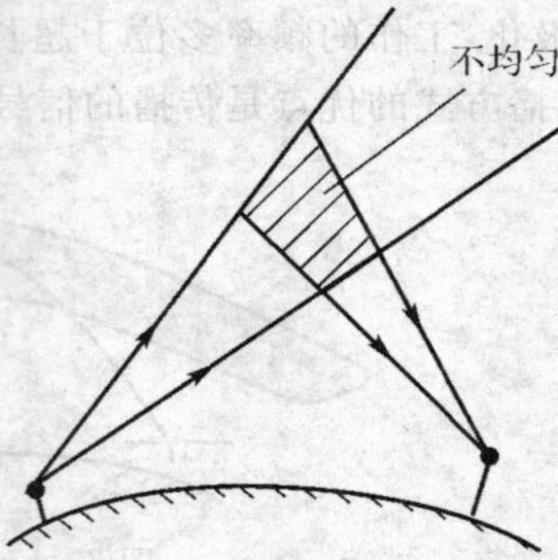

图 2-1-4　散射传播

第二节　自由空间电波传播

不同的电波传播方式反映在不同传输媒质对电波传播的影响不同，带来的损耗不同。但是即使在自由空间传播，电波在传播的过程中的功率密度也不断衰减。为了便于对各种传播方式进行定量的比较，有必要先进行电波在自由空间传播的讨论。

如图 2-2-1 所示，有一天线置于自由空间 A 处，其辐射功率为 P_r，方向系数为 D，在最大辐射方向上距离为 r 的点 M 处产生的场强振幅为

$$E=\frac{\sqrt{60P_rD}}{r} \tag{2-2-1}$$

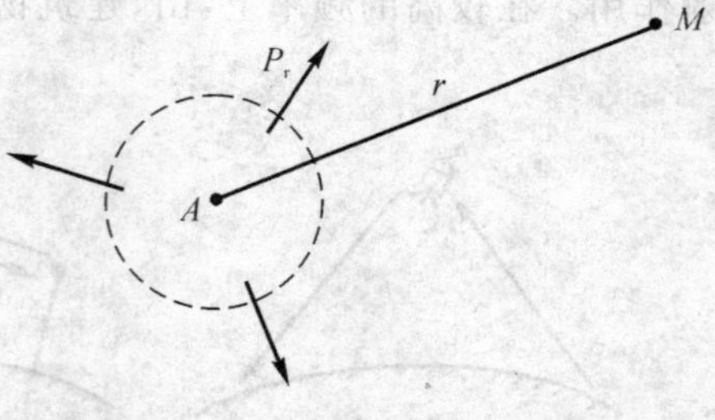

图 2-2-1　自由空间的电波传播

在实际的通信系统设计中，为了对发射机功率和发射天线增益、接收机灵敏度和接收天线增益合理地提出要求，一般要预先进行电道计算。电道计算的内容主要是计算电波在传播过程中的衰减程度。就自由空间而言，电波的衰减程度可以由自由空间的传播损耗来表示。

自由空间传播损耗(Free Space Propagation Loss)的定义是：当发射天线与接收天线的方向系数都为 1 时，发射天线的辐射功率 P_r 与接收天线的最佳接收功率 P_L 的比值，记为 L_0，即

$$L_0=\frac{P_r}{P_L} \quad 或 \quad L_0=10\lg\frac{P_r}{P_L} \quad \text{dB} \tag{2-2-2}$$

$D=1$ 的无方向性发射天线产生的功率密度为

$$S_{av}=\frac{P_r}{4\pi r^2} \tag{2-2-3}$$

$D=1$ 的无方向性接收天线的有效接收面积为

$$A_e=\frac{\lambda^2}{4\pi} \tag{2-2-4}$$

因此该接收天线的接收功率为

$$P_L=S_{av}A_e=\left(\frac{\lambda}{4\pi r}\right)^2 P_r \tag{2-2-5}$$

于是自由空间传播损耗为

$$L_0=10\lg\frac{P_r}{P_L}=20\lg\frac{4\pi r}{\lambda} \quad \text{dB} \tag{2-2-6}$$

或

$$L_0=32.45+20\lg f(\text{MHz})+20\lg r(\text{km})=121.98+20\lg r(\text{km})-20\lg\lambda(\text{cm}) \tag{2-2-7}$$

虽然自由空间是一种理想介质，是不会吸收能量的，但是随着传播距离的增大导致发射天线的辐射功率分布在更大的球面上，因此自由空间传播损耗是一种扩散式的能量自然损耗。从式(2-2-7)可见，当电波频率提高1倍或传播距离增加1倍时，自由空间传播损耗分别增加6 dB。

对于波长 $\lambda=100$ m，传播距离 $r=50$ km 而言，$L_0=76$ dB，这是一个不小的数据。实际的传输媒质对电波有吸收作用，这将导致电波的衰减。如果实际情况下的接收点的场强为 E，而自由空间传播的场强为 E_0，定义比值 $|E/E_0|$ 为衰减因子（Attenuation Factor），记为 A，于是

$$A=\left|\frac{E}{E_0}\right| \tag{2-2-8}$$

相应的衰减损耗为

$$L_F=20\lg\frac{1}{A}=20\lg\left|\frac{E_0}{E}\right| \tag{2-2-9}$$

A 与工作频率、传播距离、媒质电参数、地貌地物、传播方式等因素有关。

考虑了上述路径带来的衰减以后，为了表明传输路径的功率传输情况，常常引入路径传输损耗(Propagation Path Loss)(或称为基本传输损耗)，记为 L_b，即

$$L_b=L_0+L_F \quad (\text{dB}) \tag{2-2-10}$$

如果发射天线的输入功率为 P_{in}，增益系数为 G_r，接收天线的增益系数为 G_L，则相应的功率密度和最佳接收功率分别为

$$S_{av}=\frac{P_{in}G_r}{4\pi r^2}A^2 \tag{2-2-11}$$

$$P_L=S_{av}A_e=\left(\frac{\lambda}{4\pi\lambda}\right)^2 P_{in}A^2G_rG_L \tag{2-2-12}$$

对于这样实际的传输电道，定义发射天线输入功率与接收天线输出功率(满足匹配条件)

之比为该电道的传输损耗(Propagation Loss)L，即

$$L=\frac{P_{\text{in}}}{P_{\text{L}}}=\left(\frac{4\pi r}{\lambda}\right)^2\frac{1}{A^2G_{\text{r}}G_{\text{L}}} \tag{2-2-13}$$

或

$$L=L_0+L_{\text{F}}-G_{\text{r}}-G_{\text{L}}\quad(\text{dB}) \tag{2-2-14}$$

在路径传输损耗 L_{b} 为客观存在的前提下，降低传输损耗 L 的重要措施就是提高收、发天线的增益系数。

【例 2-2-1】 设微波中继通信的段距为 $r=50$ km，工作波长为 7.5 cm，收发天线的增益系数都为 45 dB，馈线及分路系统一端损耗为 3.6 dB，该路径的衰减因子 $A=0.7$。若发射天线的输入功率为 10 W，求其收信电平。

$$L_0=121.98+20\lg r(\text{km})-20\lg\lambda(\text{cm})=121.98+20\lg 50-20\lg 7.5=$$
$$121.98+33.98-17.5=138.46\text{ dB}$$

于是考虑到馈线及分路系统一端损耗后，该信道的总传输损耗 L 为

$$L=L_0+L_{\text{F}}-G_{\text{r}}-G_{\text{L}}+2\times3.6=138.46-20\lg 0.7-2\times45+2\times3.6=58.8\text{ dB}$$

发射天线的输入功率为 $P_{\text{in}}=10\text{ W}=40\text{ dBm}$(注：dBm 为分贝毫瓦)，于是收信电平即接收天线的输出功率为

$$P_{\text{L}}=P_{\text{in}}-L=40-58.8=-18.8\text{ dBm}$$

第三节 电波传播的菲涅尔区

理想的自由空间应是无边际的，但是这样的空间是不存在的。而对某一特定方向而言，却存在着能否视为自由空间传播的概念，更有其实际的意义。对此，需要介绍电波传播的菲涅尔区概念。

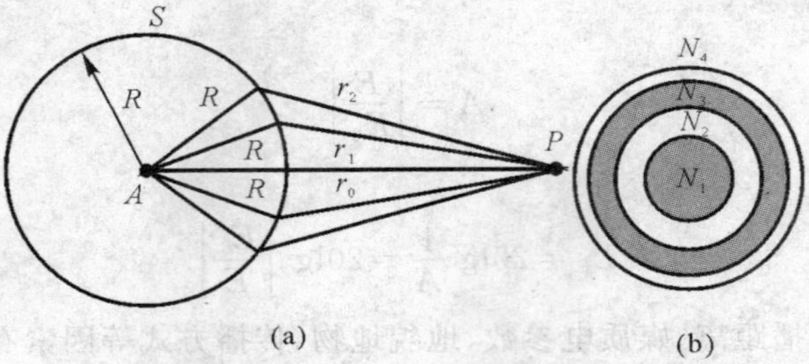

图 2-3-1 菲涅尔半波带

(a) 剖面图；(b) 仰视的菲涅尔环形带

如图 2-3-1 所示，空间 A 处有一球面波源，为了讨论它的辐射场的大小，根据惠更斯-菲涅尔原理，可以做一个与之同心、半径为 R 的球面，该球面上所有的同相惠更斯源对于远区观察点 P 来说，可以视为二次波源。如果点 P 与点 A 相距 $d=R+r_0$，为了计算方便起见，将球面 S 分成许多环形带 $N_n(n=1,2,3,\cdots)$，并使相邻两带的边缘到观察点的距离相差半个波长(物理学上称这种环带为菲涅尔带(Fesnel Zone))，即

$$\left.\begin{aligned} R+r_1 &= R+r_0+\frac{\lambda}{2} \\ R+r_2 &= R+r_0+2\left(\frac{\lambda}{2}\right) \\ &\cdots\cdots \\ R+r_n &= R+r_0+n\left(\frac{\lambda}{2}\right) \end{aligned}\right\} \tag{2-3-1}$$

在这种情况下，相邻两带的对应部分的惠更斯源在点 P 的辐射将有 $\lambda/2$ 的波程差，因而具有 $180°$ 的相位差，起着互相削弱的作用。

可以证明，当 $r_0 \gg \lambda$ 时，各带的面积大致相等。设第 n 个菲涅尔半波带在点 P 产生的场强振幅为 $E_n(n=1,2,3,\cdots)$，由于每个菲涅尔半波带的辐射路径不一样，因此有以下的关系式：

$$E_1 > E_2 > E_3 > \cdots > E_n > E_{n+1} > \cdots \tag{2-3-2}$$

从平均角度而言，相邻两带对 P 点的贡献反相，于是 P 点的合成场振幅为

$$E = E_1 - E_2 + E_3 - E_4 + \cdots \tag{2-3-3a}$$

如果将式(2-3-3a)的奇数项拆成两部分，即 $E_n = E_n/2 + E_n/2$，则式(2-3-3a)可以重新写为

$$E = \frac{E_1}{2} + \left(\frac{E_1}{2} - E_2 + \frac{E_3}{2}\right) + \left(\frac{E_3}{2} - E_4 + \frac{E_5}{2}\right) + \left(\frac{E_5}{2} - E_6 + \frac{E_7}{2}\right) + \cdots \tag{2-3-3b}$$

仔细观察式(2-3-3b)，如果总带数足够大，利用式(2-3-2)的结论，可以认为

$$E \approx \frac{E_1}{2} \tag{2-3-4}$$

式(2-3-4)给出一个重要的启示，尽管在自由空间从波源 A 辐射到观察点 P 的电波，从波动光学的观点看，可以认为是通过许多菲涅尔区传播的，但起最重要作用的是第一菲涅尔区。作为粗略近似，只要保证第一菲涅尔区的一半不被地形地物遮挡，就能得到自由空间传播时的场强。因此在实际的通信系统设计中，对第一菲涅尔区的尺寸非常关注，下面就来求出第一菲涅尔区半径。

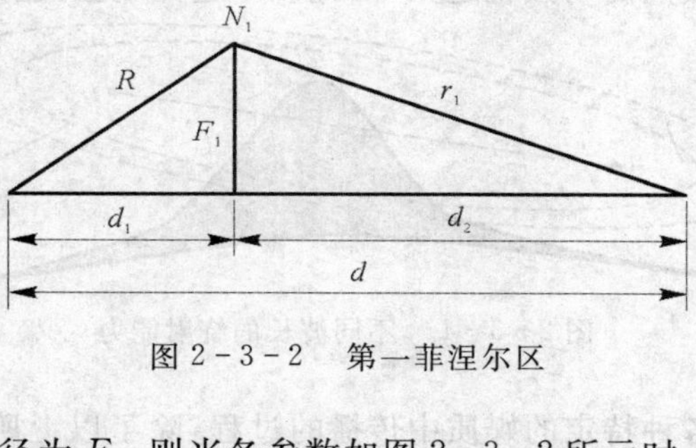

图 2-3-2　第一菲涅尔区

令第一菲涅尔区的半径为 F_1，则当各参数如图 2-3-2 所示时，根据第一菲涅尔区半径的定义

$$\sqrt{F_1^2 + d_1^2} + \sqrt{F_1^2 + d_2^2} = d + \frac{\lambda}{2} \tag{2-3-5}$$

通常 $d_1 \gg F_1$，$d_2 \gg F_1$，因此将式(2-3-5)作一级近似，可得

$$F_1=\sqrt{\frac{d_1 d_2\lambda}{d}} \tag{2-3-6}$$

显然，该半径在路径的中央 $d_1=d_2=d/2$ 处达到最大值

$$F_{1\max}=\frac{1}{2}\sqrt{d\lambda} \tag{2-3-7}$$

实际上，划分菲涅尔半波带的球面是任意选取的，因此当球面半径 R 变化时，尽管各菲涅尔区的尺寸也在变化，但是它们的几何定义不变。而它们的几何定义恰恰就是以 A，P 两点为焦点的椭圆定义。如图 2-3-3 所示，如果考虑到以传播路径为轴线的旋转对称性，不同位置的同一菲涅尔半波带的外围轮廓线应是一个以收、发两点为焦点的旋转椭球。称第一菲涅尔椭球为电波传播的主要通道。

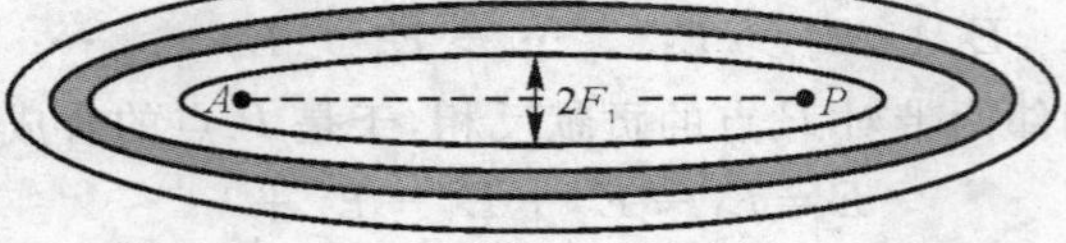

图 2-3-3 菲涅尔椭球

由式(2-3-7)可知，波长越短，第一菲涅尔区半径越小，对应的第一菲涅尔椭球越细长。对于波长非常短的光学波段，椭球体更加细长，因而产生了光学中研究过的纯粹的射线传播。

由于电波传播的主要通道并不是一条直线，因此即使某凸出物并没有挡住收、发两点间的几何射线，但是已进入了第一菲涅尔椭球，此时接收点的场强已经受到影响，该收、发两点之间不能视为自由空间传播。而当凸出物未进入第一菲涅尔椭球，即电波传播的主要通道时，才可以认为该收、发两点之间被视为自由空间传播，说得更通俗一点，才可以用式(2-2-1)计算接收点的场强振幅。

如图 2-3-4 所示，即使在地面上的障碍物遮住收、发两点间的几何射线的情况下，由于电波传播的主要通道未被全部遮挡住，因此接收点仍然可以收到信号，此种现象被称为电波绕射。在地面上的障碍物高度一定的情况下，波长越长，电波传播的主要通道的横截面积越大，相对遮挡面积就越小，接收点的场强就越大，因此频率越低，绕射能力越强。

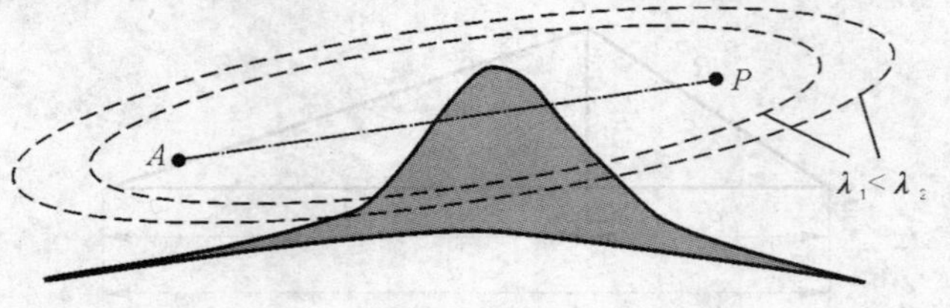

图 2-3-4 不同波长的绕射能力

实际上，电磁信号在各种特定的媒质中传播的过程，除了以上所介绍的基本特性之外，还可能遭受衰落，反射和折射，极化偏移，干扰和噪声，时、频域畸变等效应，并因此而具有复杂的时空频域变化特性。这些媒质效应对信息传输的质量和可靠性常常产生严重的影响，因此各种媒质中各频段电磁波的传播效应是电波传播研究的主要对象。

第四节　电波的视距传播

在研究传播时，特定收信机功率接收的信号电平是一个主要特性。由于传播路径和地形干扰，传播信号减小，这种信号强度减小称为传播损耗。

在研究电波传播时，首先要研究两个天线在自由空间(各向同性，无吸收，电导率为零的均匀介质)条件下的特性。以理想全向天线为例。经推导，自由空间的传播损耗为

$$L_{bs} = 32.45 + 20\lg f + 20\lg d \qquad (2-4-1)$$

式中，f 为频率(MHz)；d 为距离(km)。式(2-4-1)与距离 d 成反比。当 d 增加一倍时，自由空间路径损耗增加 6 dB。同时，当减小波长 λ(提高频率 f)，路径损耗增大。可以通过增大辐射和接收天线增益来补偿这些损耗。当已知工作频率时，式(2-4-1)还可以写为

$$L_{bs} = L_0 + 10\eta\lg d \qquad (2-4-2)$$

式中，$\eta=2$，称为路径损耗斜率。在实际的视距无线通信系统中，根据测量结果显示，η 的取值范围一般在 3～5 之间。

有了自由空间的路径损耗公式后，可以考虑在平坦的，但不理想的表面上 2 个天线之间的实际传播情况。假设在整个传播路径表面绝对平坦(无折射)。基站和移动台的天线高度分别为 h_c 和 h_m(A 处为 h_c，B 处为 h_m)，如图 2-4-1 所示。

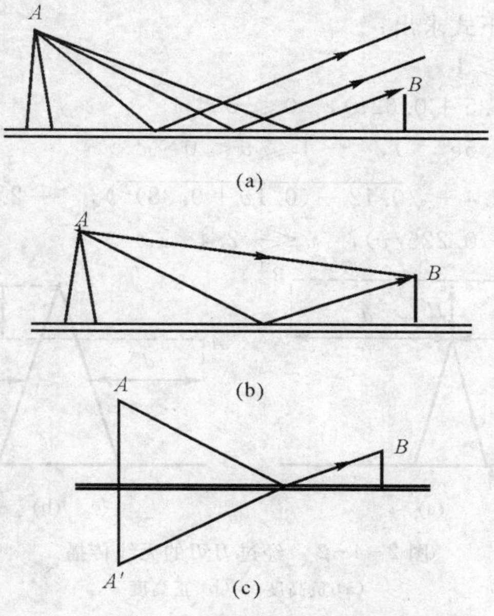

图 2-4-1　平坦表面的传播

(a) 多反射情况；(b) 单反射情况；(c) 找出视距和地面反射的路径差的映像方法

与自由空间的路径损耗相比，平坦地面传播的路径损耗为

$$L_p = 10\eta\lg d - 20\lg h_c - 20\lg h_m \qquad (2-4-3)$$

式中，$\eta=4$。该式表明增加天线高度一倍，可补偿 6 dB 损耗；而移动台接收功率随距离的 4 次方变化，即距离增大一倍，接收到的功率减小 12 dB。

地形地物的种类千差万别，对移动通信电波传播损耗的影响也是错综复杂的。在实际应

用中是不可能存在绝对的平坦地形的。对于复杂的地形一般可分为两类，即“准平滑地形”和“不规则地形”。

“准平滑地形”指表面起伏平缓，起伏高度小于或等于 20m 的地形，平均表面高度差别不大。奥村将起伏高度定义为距离移动台天线前方 10 km 内地形起伏 10% 与 90% 的差。国际无线电咨询委员会(CCIR) 定义为收信机前方 10 ～ 50 km 处地形高度超过 90% 与超过 10% 的差。除此以外的其他地形统称为“不规则地形”，按其状态可分为：丘陵地形、孤立山岳、倾斜地形和水陆混合地形等。

在对市区及其附近地区分析传输损耗时，还可以依据地理区域的拥挤程度分类，如分成：开阔区、密集市区、中等市区、郊区等。

在分析山区或者城市中摩天大楼密布的密集市区的传输损耗时，通常还要分析绕射损耗。绕射损耗是对障碍物高度和天线高度的一种测量。障碍物高度必须同传播波长比较。同一障碍物高度对长波长产生的绕射损耗小于短波长。预测路径损耗时，把这些障碍物看做尖形障碍，即“刃形”。用物理光学中常用的方法可计算损耗。如图 2-4-2 所示有两种障碍物。第一种情况下，高 H 处的视距路径无障碍物。第二种情况下，障碍物在电波路径中。第一种假设障碍物高度是负数，第二种假设障碍物高度是正数。绕射损耗 F 可通过绕射常数 v 求出，v 由下式给出：

$$v=-H\sqrt{2/(1/d_1+1/d_2)} \qquad (2-4-4)$$

不同绕射损耗的近似值由下式求出：

$$F=\begin{cases}0, & v\geqslant 1\\ 20\lg(0.5+0.62v), & 0\leqslant v<1\\ 20\lg(0.5e^{0.45v}), & -1\leqslant v<0\\ 20\lg\left(0.4-\sqrt{0.12-(0.1v+0.38)^2}\right), & -2.4\leqslant v<-1\\ 20\lg(-0.225/v), & v\leqslant -2.4\end{cases} \qquad (2-4-5)$$

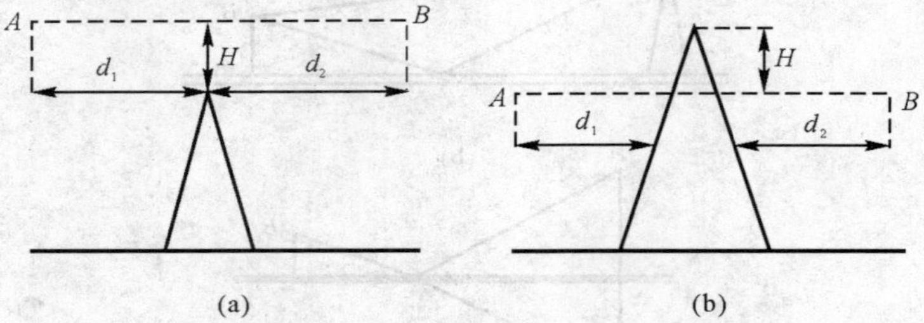

图 2-4-2　经过刀刃的无线传播

(a) 负高度；(b) 正高度

一、多普勒效应

在无线系统中多普勒效应引起频率变化的关系可以通过下面的公式给出：

(1) 基站为频率源 f，移动台接收到的频率 f' 为

$$f'=f(1\pm v/c) \qquad (2-4-6)$$

式中，v 为移动台的移动速度；c 为空中信号传播速度。

当移动台向基站方向移动时取“+”号，远离基站时取“-”号。

(2) 移动台为频率源 f，基站接收到的频率 f' 为

$$f'=f/(1\pm u/c) \tag{2-4-7}$$

式中，u 为移动台的移动速度；c 为空中信号传播速度。

当移动台向基站方向移动时取"—"号，远离基站时取"+"号。

下面分几种特殊情况进行讨论：

移动台向基站方向移动，速度为 v 时，如图 2-4-3 所示。

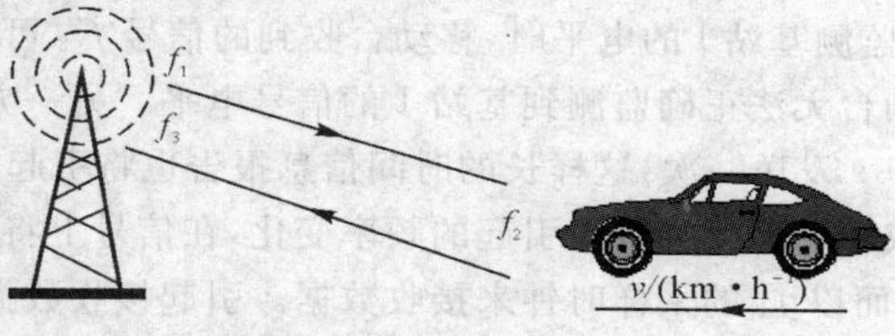

图 2-4-3　移动台向基站方向移动

基站的信号频率为 f_1，由于多普勒效应，移动台收到的信号频率为 f_2；移动台以频率 f_2 向基站发射信号，由于多普勒效应，基站收到的频率为 f_3。通过上面的公式将有

$$f_2=f_1(1+v/c)$$

$$f_3=f_2/(1-v/c)$$

$$f_3=f_1(1+v/c)/(1-v/c)=f_1(c+v)/(c-v)$$

相对频率变化为

$$(f_3-f_1)/f_1=2v/(c-v) \tag{2-4-8}$$

当移动台远离基站方向移动，速度为 v 时，如图 2-4-4 所示。

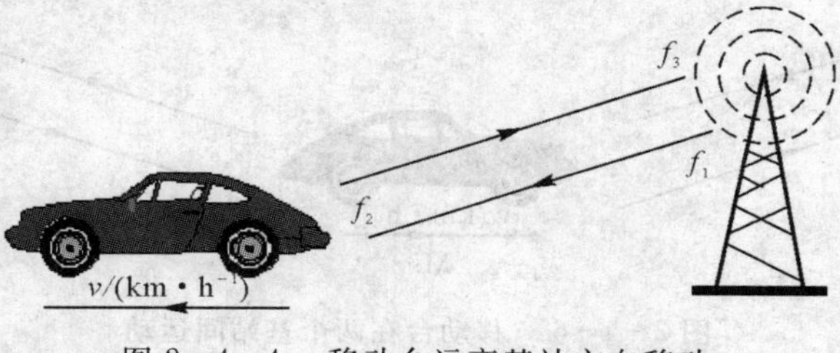

图 2-4-4　移动台远离基站方向移动

基站的信号频率为 f_1，由于多普勒效应，移动台收到的信号频率为 f_2；移动台以 f_2 向基站发射信号，由于多普勒效应，基站收到的频率为 f_3。通过上面的公式将有

$$f_2=f_1(1-v/c)$$

$$f_3=f_2/(1+v/c)$$

$$f_3=f_1(1-v/c)/(1+v/c)=f_1(c-v)/(c+v)$$

相对频率变化为

$$(f_3-f_1)/f_1=-2v/(c+v) \tag{2-4-9}$$

由于移动台的移动速度相对于信号的传播速度 c 是较小的，所以在这两种情况下相对频率的变化是差不多的，只是方向相反，第一种情况是频率增加，第二种情况是频率减小。

相对频率与移动台速度的关系可以通过图 2-4-5 所示的曲线来说明。

从图上可以看出，在移动台的速度为 100 km/h 时，相对频率变化为 1.9×10^{-6}，对于 900 MHz 频率偏差为 171 Hz，对于 2 000 MHz 频率偏差为 380 Hz。

(3) 移动台在两个基站间运动，速度为 v，如图 2-4-6 所示。

在 GSM 通信系统中，进行切换时是上面的两种情况的叠加。一方面，由于移动台通过 BA table 来获取对相邻小区 BCCH 信道监测的信息，是控制移动台调整其频率＋若干个 kHz 来对相邻小区的电平进行监测，这可能会出现由于多普勒频率变化，使移动台不能正确收到邻近小区的信号。当移动台监测基站 1 的电平时，移动台收到的信号 f'_2 可能会出现在两个移动台的调整频率中间，使移动台无法正确监测到基站 1 的信号电平。另一方面，在 SACCH 中上报的 RXlev 信息最少要 30 s 发送一次，这样长的时间信息报告也将引起不能正常监测邻近小区电平，从而导致切换不成功。多普勒效应引起的频率变化，在信号上将引起基站接收到信号频率为 $f_1(c+v)/(c+v)$，而以 f_1 的采样时钟来接收数据。引起接收数据错误，这也可能是影响切换的一个因素。

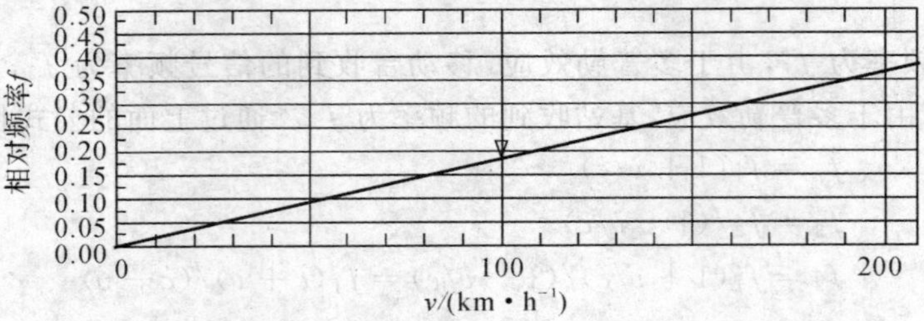

图 2-4-5　相对频率与移动台速度的关系图

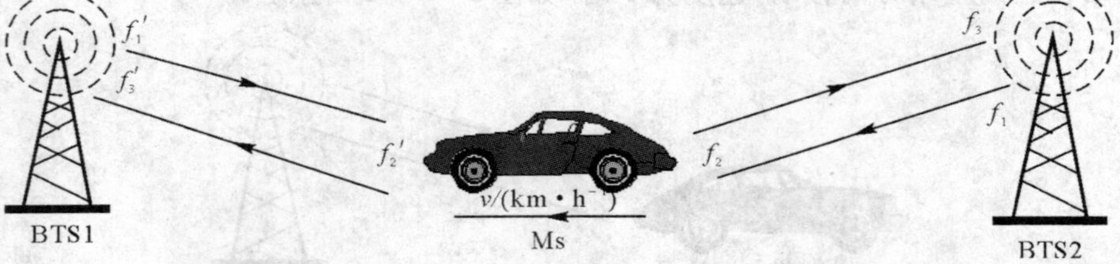

图 2-4-6　移动台在两个基站间运动

二、无线传播模型

传播模型是移动通信网小区规划的基础。模型的价值就是保证了精度，同时节省了人力、费用和时间。在规划某一区域的移动通信系统之前，选择信号覆盖区的蜂窝站址使其互不干扰，这是一个重要的任务。传播模型的准确与否关系到小区规划是否合理，运营商是否以比较经济合理的投资满足了用户的需求。选择的预期模型是具有合理精度的传播模型，并且已为多年的移动无线环境的测量数据证明是正确的。一个优秀的移动无线传播模型要具有能够根据不同的特征地貌轮廓，像平原、丘陵、山谷等，或者是不同的人造环境，例如开阔地、郊区、市区等，做出适当的调整。这些环境因素涉及了传播模型中的很多变量，它们都起着重要的作用。因此，一个良好的移动无线传播模型是很难形成的。为了完善模型，就需要利用统计方法，测量出大量的数据，对模型进行校正。

一个好的模型还应该简单易用。模型应该表述清楚，不应该给用户提供任何主观判断和解释，因为主观判断和解释往往在同一区域会得出不同的预期值。一个好的模型应具有好的公认度和可接受性。应用不同的模型时，得到的结构有可能不一致。此时，良好的公认度就显得非常重要了。

多数模型是预期无线电波传播路径上的路径损耗的。因此传播环境对无线传播模型的建立起关键作用，确定某一特定地区的传播环境的主要因素有：

(1) 自然地形（高山、丘陵、平原、水域等）；

(2) 人工建筑的数量、高度、分布和材料特性；

(3) 该地区的植被特征；

(4) 天气状况；

(5) 自然和人为的电磁噪声状况。

另外，无线传播模型还受到系统工作频率和移动台运动状况的影响。在相同地区，工作频率不同，接收信号衰落状况各异；静止的移动台与高速运动的移动台的传播环境也大不相同。无线传播模型一般分为：室外传播模型和室内传播模型。

1. 室外传播模型 ——— 奥村（Okumura - Hata）模型

该模型由在日本测得的平均测量数据构成。市区的路径损耗中值可以用下面的近似解析式表示：

$$L = [69.55 + 26.16\lg f - 13.82\lg h_b - \alpha(h_m)] + (44.9 - 6.55\lg h_b)\lg d \quad \text{(dB)} \tag{2-4-10}$$

式中，L 为从基站到移动台的路径损耗，单位：dB；F 为载波频率，单位：MHz；h_b 为基站天线高度，单位：m；h_m 为移动台天线高度，单位：m；d 为基站到移动台之间的距离，单位：km。

对于中小城市

$$\alpha(h_m) = (1.1\lg f - 0.7)h - (1.56\lg f - 0.7) \quad \text{(dB)}$$

对大城市

$$\alpha(h_m) = 8.29[\lg(1.54h)]^2 - 1.1 \quad \text{(dB)} \quad 当 f \leqslant 300 \text{ MHz} 时$$

$$\alpha(h_m) = 3.2[\lg(11.75h)]^2 - 4.97 \quad \text{(dB)} \quad 当 f > 300 \text{ MHz} 时$$

奥村模型工作频率的上限只有 1 500 MHz，不能满足 3G 系统的要求。因此，欧洲科学和技术研究协会（Euro - Cost）组成了 COST - 231 工作委员会，提出了奥村模型的扩展模型，即 COST - 231 Hata 模型。其路径损耗的计算公式为

$$L_p(\text{dB}) = [46.3 + 33.9\lg f - 13.82\lg h_b - \alpha(h_m)] + (44.9 - 6.55\lg h_b)\lg d + C_M \tag{2-4-11}$$

式中，C_M 为大城市中心校正因子。在中小城市和郊区，$C_M = 0$；在市中心，$C_M = 3$ dB。

该模型适用于下列参数范围：

f：1 500 ～ 2 300 MHz；

h_b：30 ～ 200 m；

h_m：1 ～ 10 m；

d：1 ～ 20 km。

与奥村模型相比，前两项由 $69.55 + 26.16\lg f$ 变为 $46.3 + 33.9\lg f$，如果分别以 $f =$ 900 MHz 和 2 000 MHz 代入，可知仅此一项 2G 与 3G 系统的路径损耗将相差 10 ～ 12dB。也

因为3G的发展，微小区覆盖更显重要，现介绍两种传播模型。

2. 微小区传播模型——COST-231WI模型

该模型广泛用于建筑物高度近似一致的市、郊小区，该模型考虑了自由空间损耗、从建筑物顶到街面的损耗以及街道走向对电波传播衰耗的影响。

低基站天线情况：如果电波在街道形成的峡谷中存在一个自由的视距可见(LOS)路径的话，它与自由空间的传播特性是有差别的。

$$L = 42.6 + 26\lg d(\mathrm{km}) + 20\lg f(\mathrm{MHz}),\quad d \geqslant 0.02\ \mathrm{km} \tag{2-4-12}$$

高基站天线传播：在这种情况下COST-231WI模型由三项组成：

$$L = L_{\mathrm{bf}} + L_{\mathrm{rts}} + L_{\mathrm{msd}}$$

式中，L_{bf}为自由空间损耗，有

$$L_{\mathrm{bf}} = 32.44 + 20\lg f(\mathrm{MHz}) + 20\lg d(\mathrm{km})$$

L_{rts}为最后的屋顶到街道的绕射散射损耗，有

$$L_{\mathrm{rts}} = \begin{cases} -16.9 - 10\lg w + 10\lg f + 20\lg \Delta h_{\mathrm{m}} + L_{\mathrm{ori}}, & h_{\mathrm{r}} > h_{\mathrm{m}} \\ 0, & L_{\mathrm{rts}} < 0 \end{cases}$$

其中L_{ori}为街道方向因子，即电波方向与街道方向之夹角。

$$L_{\mathrm{ori}} = \begin{cases} -10 \sim +2.5, & 0^\circ \leqslant \varphi < 35^\circ \\ +2.5 \sim +4.0, & 35^\circ \leqslant \varphi < 55^\circ \\ +4.0 \sim 0, & 55^\circ \leqslant \varphi < 90^\circ \end{cases}$$

L_{msd}为多重屏绕射损耗，有

$$L_{\mathrm{msd}} = \begin{cases} L_{\mathrm{bsh}} + k_{\mathrm{a}} + k_{\mathrm{d}}\lg d + k_{\mathrm{f}}\lg f - 9\lg b \\ 0, & L_{\mathrm{msd}} < 0 \end{cases}$$

其中L_{bsh}和基站天线相对于建筑物高度有关。

$$L_{\mathrm{bsh}} = \begin{cases} -18\lg(1 + \Delta h_b), & h_{\mathrm{b}} > h_{\mathrm{r}} \\ 0, & h_{\mathrm{b}} < h_{\mathrm{r}} \end{cases}$$

$$k_{\mathrm{a}} = \begin{cases} 54, & h_{\mathrm{b}} > h_{\mathrm{r}} \\ 54 - 0.8\Delta h_{\mathrm{b}} d/0.5, & d < 0.5\mathrm{km}, h_{\mathrm{b}} \leqslant h_{\mathrm{r}} \\ 54 - 0.8\Delta h_{\mathrm{b}}, & d \geqslant 0.5\mathrm{km}, h_{\mathrm{b}} \leqslant h_{\mathrm{r}} \end{cases}$$

$$k_{\mathrm{d}} = \begin{cases} 18; & h_{\mathrm{b}} > h_{\mathrm{r}} \\ 18 - 15\Delta h_{\mathrm{b}}/h_{\mathrm{r}}; & h_{\mathrm{b}} \leqslant h_{\mathrm{r}} \end{cases}$$

$$k_{\mathrm{f}} = -4 + \begin{cases} 0.7[(f/925) - 1] & \text{树木密度适中的中等城市和郊区中心} \\ 1.5[(f/925) - 1] & \text{大城市中心} \end{cases}$$

COST-231WI模型的使用范围：

f：800 ~ 2 000 MHz；

h_{b}：4 ~ 50 m；

h_{m}：1 ~ 3 m；

d：0.02 ~ 5 km；

h_{r}：3 × 楼层数 + 屋顶参数。

3. 微小区传播模型——双线模型

双线模型的基本假设是：从发射天线到接收天线有两条路径，即视距可见直达波和地面反

射波。其路径损耗为收发之间距离 d 的函数，并且可以用 3 条不同斜率的线段来表示。

双线模型中首先要确定一个突发点，即发射天线到该点的距离恰好是从发射到接收的第一菲涅尔半径椭球碰到地面的那一点的距离。

$$d = 4h_t h_r/\lambda$$

对于当 $f = 1\ 900$ MHz 时

$$L = \begin{cases} 40 + 25\lg d, & d < d_b/2 \\ 40 + 25\lg(d_b/2) + 40\lg(2d/d_b), & 4d_b > d \geqslant d_b/2 \\ 40 + 25\lg(d_b/2) + 40\lg(4d_b) + 60\lg(d/4d_b), & d \geqslant 4d_b \end{cases} \tag{2-4-13}$$

对于建筑物相对较少的微小区，采用双线模型是比较合适的。

4. 室内传播模式

当蜂窝移动通信系统用于室内时要考虑建筑损耗。建筑损耗是墙壁结构（钢、玻璃、砖等）、楼层高度、建筑物相对于基站的走向、窗户区所占的百分比等的函数。由于变量的复杂性，建筑物的损耗只能在周围环境的基础上统计预测。可以有以下一些结论：

(1) 位于市区的建筑平均穿透损耗大于郊区和偏远区。

(2) 有窗户区域的损耗一般小于没有窗户区域的损耗。

(3) 建筑物内开阔地的损耗小于有走廊的墙壁区域的损耗。

(4) 街道墙壁有铝的支架比没有铝的支架产生更大的衰减。

(5) 只在天花板加隔离的建筑物比天花板和内部墙壁都加隔离的建筑物产生的衰减小。

同样，室内传播模式也有多种版本，在此介绍从欧洲无绳电话(1.9 GHz)演绎的一个试验模型，可以用于室内多层环境，即 Motely - Kennan 模型，其公式为

$$L = L(d_0) + 10\nu\lg\frac{d}{d_0} + \sum_{j=1}^{J} N_{Wj}L_{Wj} + \sum_{i=1}^{I} N_{Fi}L_{Fi} \tag{2-4-14}$$

式中，$L(d_0)$ 表示参考点(1 m)处的路径损耗；ν 为衰减斜率；N_{Wj}，N_{Fi} 分别表示信号穿过不同类型的墙和地板的数目；L_{Wj}，L_{Fi} 则是对应的损耗因子；J，I 分别表示各种墙和地板类型数目。模型提出者给出的建议值是

$$L(d_0) = 37\ \text{dB}$$

$$L_{Wj} = 20\ \text{dB}（对所有地板）$$

$$L_{Fi} = 3\ \text{dB}（对所有墙体）$$

$$\nu = 2$$

如果电波需穿透一层地板和两堵墙体的话，则

$$L_p = 37 + 20\lg d + 20 + 2 \times 3 = 63 + 20\lg d \quad (\text{dB})$$

诚然，在实际工程中，还是需要对地板和墙体的衰耗根据实际结构材质进行一些修正。

在移动通信系统中，2 GHz 频率比 GSM 900 MHz 频率的绕射能力差，但是穿透能力强。一般室内的电波分量是穿透分量和绕射分量的叠加，而绕射分量占绝大部分，因此总的看来 2 GHz 室内、外电平差比 900 MHz 室内、外电平差要大。并且，900 MHz 信号进入室内后，由于穿透能力差一些，在室内进行各种反射后场强分布更均匀；2 GHz 信号进入室内后部分穿透出去了，室内信号分布就不太均匀，因此造成不同位置的信号电平差异大，也就是用户感觉信号波动大。针对这种情况，可以为 2 GHz 相关网络的各种电平阈值留更大的余量，如切换迟滞、功控期望电平等，这需要根据实际网络进行调整和仔细规划。

平均的楼层穿透损耗是楼层高度的函数。一般认为，损耗线的斜率是 1.9 dB/ 层。建筑物底层的平均穿透损耗，市区为 16 dB 左右，郊区在 13 dB 左右。特定楼层的测量表明，建筑物内的损耗特性可看做是带衰减的损耗波导。例如当电波沿着与室外窗户垂直的方向的走廊方向传播的时候，损耗可以达到 0.4 dB/m。当计算隧道中的电波传播情况时，需要考虑隧道的传播损耗。这时可以把隧道简化成一个有耗波导来考虑。实验结果显示在特定距离传播损耗随频率增加而下降。当工作频段在 2 GHz 以下时，损耗曲线与工作频率的关系呈指数衰减。

5. 传播模型的校正

为了获得符合本地区实际环境的无线传播模型，提高覆盖预测的准确性，为网络规划打好基础，必须进行传播模型的校正。CW 测试即连续波测试，是进行模型校正的必经步骤，通过 CW 测试和数字地图可以获得进行模型校正的数据。这些测试数据中的经纬度信息和接收电平形成模型校正的数据源。

利用随机过程的理论分析移动通信的传播，可以表示为

$$r(x)=m(x)r_0(x) \tag{2-4-15}$$

式中，x 为距离；$r(x)$ 为接收信号；$r_0(x)$ 为瑞利衰落；$m(x)$ 为本地均值，也就是长期衰落和空间传播损耗的合成，可以表示为

$$m(x)=\frac{1}{2L}\sum_{x-L}^{x+L}r^*(y)\mathrm{d}y \tag{2-4-16}$$

式中，$2L$ 为平均采样区间长度，也叫本征长度。

CW 测试就是尽可能获取在某一地区各点地理位置的本地均值，即 $r(x)$ 与 $m(x)$ 之差尽可能小，因此要获取本地均值必须去除瑞利衰落的影响。对于一组测量信号数据 $r(x)$ 平均时，若本征长度 $2L$ 太短，则仍有瑞利衰落影响存在；若 $2L$ 太长，则会把正态衰落也平均掉。因此在 CW 测试中确定 $2L$，关系到所测数据与实际本地均值的逼近程度，以及根据 CW 测试校正的传播模型预测的准确程度。

(1)CW 测试的站址选择。在测试之前首先需要确定测试站址及其数量。站址选择的原则是要使它能够覆盖规划区内所有的地物类型(这些地物类型来自数字地图)，这主要取决于测试基站天线高度及其有效辐射功率(EIRP)的大小。根据一般经验，在人口密集的大城市，测试站址应不少于 5 个；对于中小城市，一般一个测试站址就够了。

在实际测试中为便于测试，测试站址可按以下标准(见图 2-4-7)来确定站址是否合适：

天线高度大于 20 m；

天线高于最近的障碍物 5 m 以上。

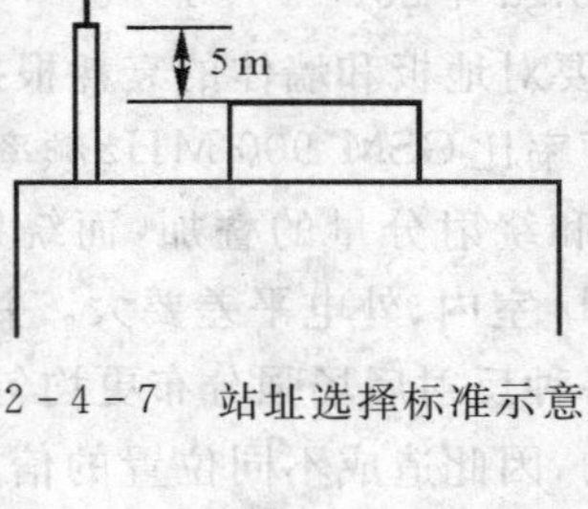

图 2-4-7　站址选择标准示意图

在此障碍物主要指天线所在屋顶上的最高建筑物，作为站址的建筑物应高于周围建筑物的平均高度。

(2)CW 测试准备。CW 测试首先需要有一个测试基站发射 RF 信号，可以 FM 调制，也可以不调制，然后用 CW 测试设备进行驱车测试。基站系统包括发射天线、馈线、高功放、高频信号源。测试系统包括测试接收机、GPS 接收机、测距仪、测试软件以及便携式计算机等。测试接收机的采样速度要尽可能高。

测试基站设备安装在选定的测试站址后，应用功率计测量天线口的发射功率和反射功率，计算出测试基站的 EIRP。计算公式如下：

$$\mathrm{EIRP}=10\lg\left[P_{\text{\_forward}}-P_{\text{\_reflected}}\right]+T_{\text{x\_Antenna\_Gain}}+R_{\text{x\_Antenna\_Gain}}-R_{\text{x\_Feeder\_Loss}} \tag{2-4-17}$$

式中，$P_{\text{\_forward}}$ 为前向发射功率；$P_{\text{\_reflected}}$ 为反射功率；$T_{\text{x\_Antenna\_Gain}}$ 为测试基站发射天线增益(dBi)；$R_{\text{x\_Antenna\_Gain}}$ 为测试接收机天线增益(dBi)；$R_{\text{x\_Feeder\_Loss}}$ 为测试接收机的馈线损耗。

基站设备安装调试正常后，记录下该基站的 EIRP。用 GPS 测量站址的经纬度，用三角测量法测量建筑物的高度。天线高度为建筑物高度加上天线桅杆高度以及天线本身长度的一半。用便携式测试设备扫频，以确认测试基站设备工作正常，并且周围无干扰信号。

(3)CW 测试。专业的 CW 测试设备的采样方式有三种：按时间采样、按脉冲采样、按距离采样。通用测试设备一般只能按时间采样。按距离采样进行测试时，能够严格满足李氏定理 40 个波长采样 36～50 个样点的要求，测量准确度很高。距离采样方法对于车速要求不严格，但是存在一个车速上限。车速的上限($V_{\max}$)与 CW 测试设备的最大采样速率($T_{\text{\_sample}}$)有关。

在测试过程中，应选取包含各种地物类型的测试路径作驱车测试。当移动台离测试基站距离在 3 km 以内时，接收信号受基站周围建筑物结构和天线高度的影响较大；平行于信号传播方向的信号强度与垂直于信号传播方向的信号强度差 10 dB 左右。因此在距基站半径 3 km 以内的街道上测试时，纵向和横向的街道最好采样同样数量的样本，以消除其影响。测试路径尽量不要选择高速公路以及很宽阔平直的街道，而应选择较窄的街道。对每个测试基站应采样尽量多的数据，一般每个站点测试 4 h 以上为宜。当遇到红灯等停车时，应停止记录。

由于地形地物在一段时间内基本固定，所以对于某一确定的基站，在某一确定地点的本地均值是确定的。该本地均值就是 CW 测试期望测得的数据，它也是与传播模型预测值最逼近的值。

如果进行模型校正，就必须具有数字地图。移动通信所用的数字地图包括地形高度、地面用途种类等对移动通信电波传播有影响的地理信息，是移动通信网络规划软件进行模型校正、覆盖预测、干扰分析、频率规划的重要基础数据。

各软件商开发的用于计算机辅助分析的传播模型各不相同，但都基于 Okumura 的基本模型，并提供可作修正的参数。需要说明的是，如果已有地形地物相似城市的模型参数，可以直接用于规划预测，而没有必要重做 CW 测试和模型校正，以节省人力、物力。

第三章　天波传播

第一节　电离层概况

利用电离层的折射、反射和散射作用进行传播的电波称为天波。只有这种电波传播模式才能将电波传送到数千米以外。无线信号的天波传播受许多因素的影响，在弄明白这些之前，首先要知道电离层和太阳活动是如何影响它的。

一、电离层的结构特点

包围地球的是厚达两万多千米的大气层，大气层里发生的运动变化对无线电波传播影响很大，对人类生存环境也有很大影响。从电离层至几万千米的高空存在着由带电粒子组成的两个辐射带，称为磁层。磁层顶是地球磁场作用所及的最高处，出了磁层顶就是太阳风横行的空间。在磁层顶以下，地磁场起了主宰的作用，地球的磁场就像一堵墙把太阳风挡住了，磁层是保护人类生存环境的第一道防线。而电离层吸收了太阳辐射的大部分 X 射线及紫外线，从而成为保护人类生存环境的第二道防线。地面上空大气层概况如图 3-1-1 所示，在离地面约 10～12 km（两极地区为 8～10 km，赤道地区达 15～18 km）以内的空间里，大气是相互对流的，称为对流层。

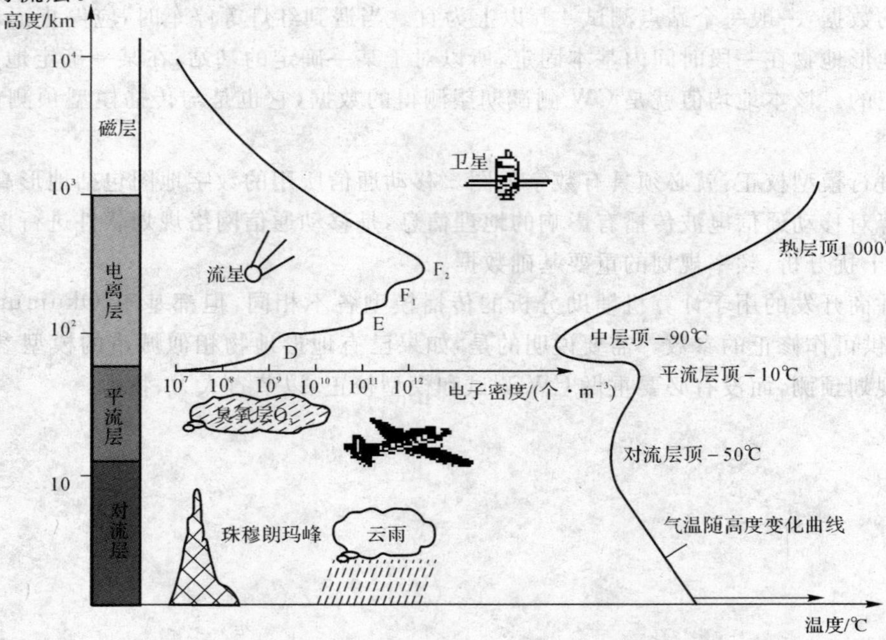

图 3-1-1　地面上空大气层概况

由于地面吸收太阳辐射(红外、可见光及波长大于 300 nm 的紫外波段)能量,转化为热能而向上传输,引起强烈的对流。对流层空气的温度是下面高、上面低,顶部气温在 −50℃ 左右。对流层集中了约 3/4 的全部大气质量和 90% 以上的水汽,几乎所有的气象现象如下雨、下雪、打雷闪电、云、雾等都发生在对流层内。离地面大约 10 ～ 60 km 的空间,气体温度随高度的增加而略有上升,但气体的对流现象减弱,主要是沿水平方向流动,故称平流层。平流层中水汽与沙尘含量均很少,大气透明度高,很少出现像对流层中的气象现象。对流层中复杂的气象变化对电波传播影响特别大,而平流层对电波传播影响很小。

太阳不但是地球上万物的能量来源,同时它也使全球范围的短波通信成为可能。太阳的辐射对于地球上方的电离层起着至关重要的作用。太阳黑子(也就是太阳表面温度比较低的地方)是太阳电磁辐射活动增强的表现。太阳辐射给电离层(可以反、折射电波)带来了"离子"。每天的太阳黑子数都不相同,但它的活动符合 11 年的活动周期。

在太阳黑子的高峰年,通常能听到很多平时不容易听到的小功率电台。同时太阳黑子的数目的变化还存在着一个 27 天的变化周期,这主要是由于太阳的自转所引起的。当然,地球的倾斜自转轴以及椭圆的公转轨道(也造成了四季的变化)也影响着天波传播,简单地说,就是地球上的白天和黑夜以及四季的变化,都会对传播产生影响。

一般来说,高于 10 MHz 的频率在白天可用,而晚上则是低于 10 MHz 的频率。预测真正的最高可用频率(MUF)是一门牵涉很多因素的技术。

太阳耀斑能释放出令人难以置信的大量的离子和频谱非常宽的电磁波能量。耀斑一般出现在太阳黑子的附近,而且一般只持续 1 ～ 2 min。根据所产生的 X 射线的多少,耀斑被分为 X 级、C 级和 M 级(其中最大的耀斑称为 X 级。各级别之间的关系是:1 X＝10 C＝100 M)。只能持续很短时间的耀斑能对电离层产生持续长达几天的影响。

太阳辐射使大气层中的氧原子和氮原子失去了电子,形成离子。进而这些电离化的气体在地球上空 48 ～ 402 km 的范围内形成了 4 个不同的离子层。这些层通称为电离层。从平流层以上直到 1 000 km 的区域称为电离层,是由自由电子、正离子、负离子、中性分子和原子等组成的等离子体。使高空大气电离的主要电离源有:太阳辐射的紫外线、X 射线、高能带电微粒流、为数众多的微流星、其他星球辐射的电磁波以及宇宙射线等,其中最主要的电离源是太阳光中的紫外线。该层虽然只占全部大气质量的 2% 左右,但因存在大量带电粒子,所以对电波传播有极大影响。有了电离层对于短波信号的折射作用,才使远距离通信成为可能。

大气电离的程度以电子密度 N(电子数/m^3)来衡量。地面电离层观测站以及利用探空火箭、人造地球卫星对电离层的探测结果表明,电离层的电子密度随高度的分布如图 3－1－1 所示。电子密度的大小与气体密度及电离能量有关。气体在 90 km 以上的高空按其分子的质量分层分布,如在 300 km 高度上面主要成分是氮原子,在离地 90 km 以下的空间,由于大气的对流作用,各种气体均匀混合在一起,如图 3－1－2 所示。对每层气体而言,气体密度是上疏下密,而太阳照射则上强下弱,因而被电离出来的最大电子密度将出现在几个不同的高度上,每一个最大值所在的范围叫做一个层,由下而上分别以 D,E,F_1,F_2 等符号来表示,电离层各层的主要数据见表 3－1－1。

表中的半厚度是指电子密度下降到最大值一半时电离层之间的厚度,临界频率是指垂直向上发射的电波能被电离层反射下来的最高频率。各层反射电波的大致情况如图 3－1－3 所示。

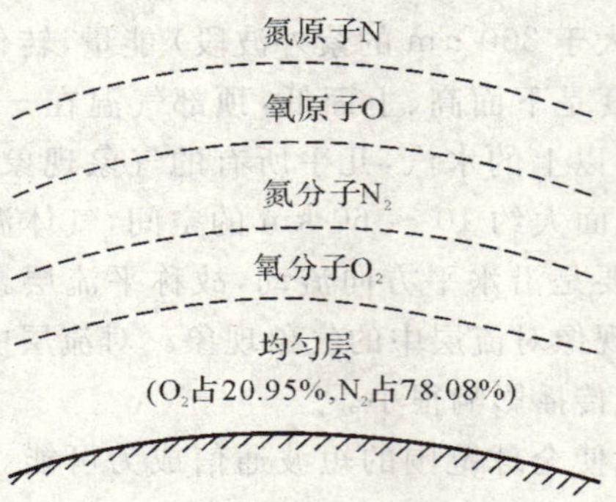

图 3-1-2　大气的分层现象

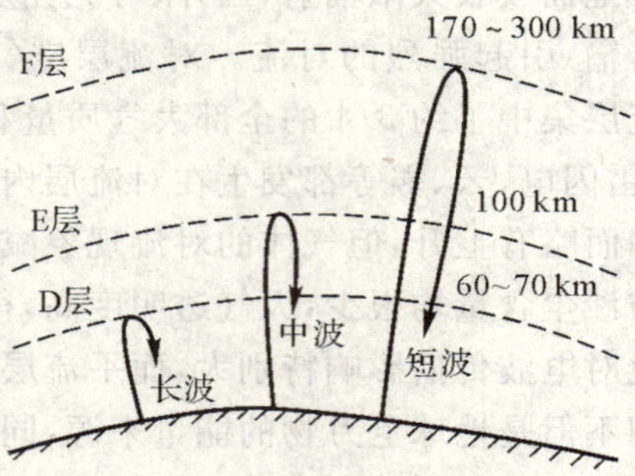

图 3-1-3　长、中、短波从不同高度反射

表 3-1-1　电离层各层的主要参数

层名	D 层	E 层	F_1 层	F_2 层
夏季白天高度 /km	60 ～ 90	90 ～ 150	150 ～ 200	200 ～ 450
夏季夜间高度 /km	消失	90 ～ 140	消失	150 以上
冬季白天高度 /km	60 ～ 90	90 ～ 150	160 ～ 180(经常消失)	170 以上
冬季夜间高度 /km	消失	90 ～ 140	消失	150 以上
白天最大电子密度 /(个・m^{-3})	2.5×10^9	2×10^{11}	2×10^{11} ～ 4×10^{11}	8×10^{11} ～ 2×10^{11}
夜间最大电子密度 /(个・m^{-3})	消失	5×10^9	消失	10^{11} ～ 3×10^{11}
电子密度最大值的高度 /km	80	115	180	200 ～ 350
碰撞频率 /(次・s^{-1})	10^6 ～ 10^8	10^5 ～ 10^6	10^4	10 ～ 10^3
白天临界频率 /MHz	＜0.4	＜3.6	＜5.6	＜12.7
夜间临界频率 /MHz		＜0.6		＜5.5
半厚度 /km	10	20 ～ 25	50	100 ～ 200
中性原子及分子密度(个・m^{-3})	2×10^{21}	6×10^{18}	10^{16}	10^{14}

D 层是最低层,因为空气密度较大,电离产生的电子平均仅几分钟就与其他粒子复合而消失,所以到夜间没有日照,D 层就消失了。D 层在日出后出现,并在中午时达到最大电子密度,之后又逐渐减小。由于该层中的气体分子密度大,被电波加速的自由电子和大气分子之间的碰撞使电波在这个区域损耗较多的能量。D 层变化的特点是在固定高度上电子密度随季节有较大的变化。

E 层是电离层中高度大约在 90 ～ 150 km 间的区域,可反射几兆赫的无线电波,在夜间其电子密度可以降低一个量级。

F 层在夏季白天又分为上、下两层,170 ～ 200 km 高度为 F_1 层,200 km 高度以上称 F_2 层。在晚上,F_1 与 F_2 合并为一层。F_2 层的电子密度是各层中最大的,在白天可达 2×10^{12} 个 /m^3,冬天最小,夏天达到最大。F_2 层空气极其稀薄,电子碰撞频率极低,电子可存在几小时才与其他粒子复合而消失。F_2 层的变化很不规律,其特性与太阳活动性紧密相关。

二、电离层的变化规律

天波传播和电离层的关系特别密切，只有掌握了电离层的运动变化规律，才能更好地了解天波传播。由于大气结构和电离源的随机变化，电离层是一种随机的、色散的、各向异性的半导电媒质，它的参数如电子密度、分布高度、电离层厚度等都是随机量，电离层的变化可以区分为规则变化和不规则变化两种情况，这些变化都与太阳有关。

1. 电离层的规则变化

太阳是电离层的主要能源，电离层的状态与阳光照射情况密切相关，因此电离层的规则变化有以下 4 种：

(1) 日夜变化。日出之后，电子密度不断增加，到正午稍后时分达到最大值，以后又逐渐减小。夜间由于没有阳光照射，有些电子和正离子就会重新复合成为中性气体分子，D 层由于这种复合而消失；E 层仍然存在，但其高度比白天低，电子密度比白天小；F_1 层和 F_2 层合并称为 F 层且电子密度下降。到拂晓时各层的电子密度达到最小。一日之内，在黎明和黄昏时分，电子密度变化最快。

(2) 季节变化。由于不同季节，太阳的照射不同，故一般夏季的电子密度大于冬季。但 F_2 层例外，F_2 层冬季的电子密度反而比夏季的大，并且在一年的春分和秋分时节两次达到最大值，其层高度夏季高、冬季低。这可能是由于 F_2 层的大气在夏季变热向高空膨胀，致使电子密度减小的缘故。F_1 层多出现在夏季白天。

(3) 随太阳黑子 11 年周期的变化。太阳黑子(Sunspot)是指太阳光球表面有较暗的斑点，其直径一般有 10^5 km 或更大。由于太阳温度极高，它的运动变化极其猛烈，可以极粗浅地把太阳黑子类比于地球上的火山爆发，当然，黑子运动的猛烈程度是火山爆发的亿万倍，从地球上看，当中是巨大的旋涡，黑子上巨大的旋风将大量带电粒子向上喷射，体积迅速膨胀而使温度下降，比太阳表面一般的温度低 1 000 多摄氏度。因此看上去中间部分形成凹坑，颜色较暗，故称黑子。

太阳黑子数与太阳活动性之间有着较好的统计关系，人们常常以黑子数的多少作为“太阳活动”强弱的主要标志。黑子数目增加时，太阳辐射的能量增强，因而各层电子密度增大，特别是 F_2 层受太阳活动影响最大。黑子的数目每年都在变化，但根据天文观测，它的变化也有一定的规律性，太阳黑子的变化周期大约是 11 年，如图 3-1-4 所示。因此电离层的电子密度也与这 11 年变化周期有关。

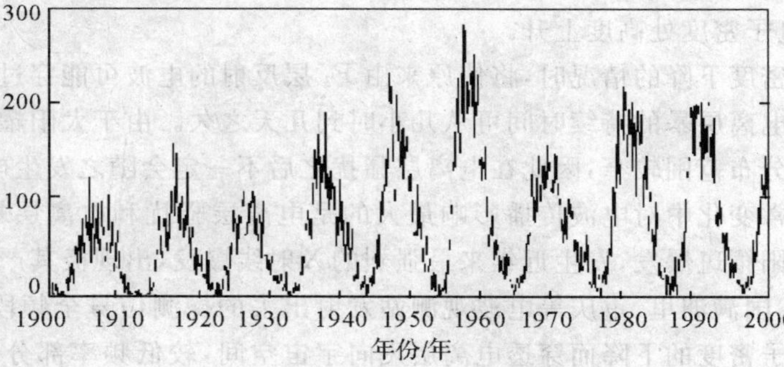

图 3-1-4　太阳黑子数随年份的变化

(4) 随地理位置变化。由于地理位置不同，太阳光照强度也不相同。在低纬度的赤道附近，太阳光照最强，电子密度最大。越靠近南、北极，太阳的光照越弱，电子密度也越小。我国处于北半球，南方的电子密度就比北方的大。

2. 电离层的不规则变化

电离层的不规则变化是其状态的随机的、非周期的、突发的急剧变化，主要有以下 3 种：

(1) 突发 E 层(或称 E_s 层)。有时在 E 层中约 120 km 高度会出现一大片不正常的电离层，其电子密度大大超过 E 层，有时比正常 E 层高出几个数量级，有时可反射 50 ～ 80 MHz 的电波。因此当突发 E 层时，将使电波难以穿过 E_s 层而被它反射下来，产生“遮蔽”现象，对原来由 F 层反射的正常工作造成影响，使定点通信中断。一般 E_s 层仅存在几个小时，在我国夏季出现较频繁，在赤道和中纬度地区，白天出现的概率多于晚上，而高纬度地区则相反。另外，在黑子少的年份里，突发 E 层多。

(2) 电离层突然骚扰(Sudden Ionospheric Disturbances)。太阳黑子域常常发生耀斑爆发，即太阳上“燃烧”的氢气发生巨大爆炸，辐射出极强的 X 射线和紫外线，还喷射出大量的带电微粒子流。当耀斑发生 8 min18 s 左右时，太阳辐射出的极强 X 射线到达地球，穿透高空大气一直达到 D 层，使得各层电子密度均突然增加，尤其 D 层可能达到正常值的 10 倍以上，如图3－1－5 所示。突然增大的 D 层电子密度将使原来正常工作的电波遭到强烈吸收，造成信号中断。由于这种现象是突然发生的，有时又称它为 D 层突然吸收现象。

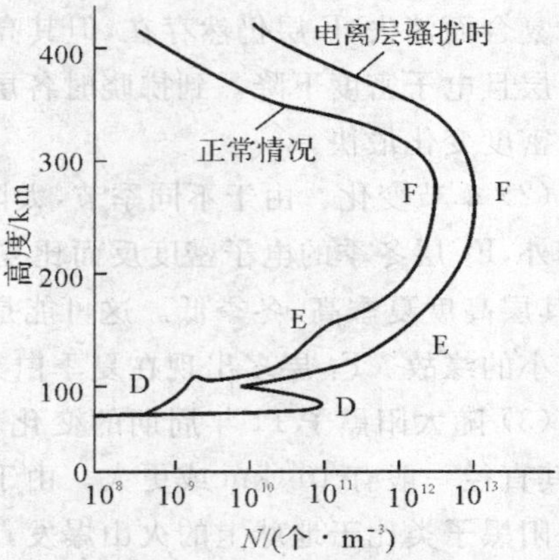

图 3－1－5　电离层骚扰时电子密度增大

一般电离层骚扰发生在白天，由于耀斑爆发时间很短，因此电离层骚扰持续时间不超过几分钟，但个别情况可持续几十分钟甚至几个小时。

(3) 电离层暴(Ionospheric Storm)。太阳耀斑爆发时除辐射大量紫外线和 X 射线外，还以很高的速度喷射出大量带电的微粒流，即太阳风，速度约几百甚至上千千米每秒，到达地球需要 30 h 左右。当带电粒子接近地球时，大部分被挡在地球磁层之外绕道而过，只有一小部分穿过磁层顶到达磁层。带电粒子的运动和地球磁场相互作用使地球磁场产生变动，比较显著的变动称做磁暴。带电粒子穿过磁层到达电离层，使电离层正常的电子分布发生剧烈变动，称之为电离层暴，其中 F_2 层受影响最大，它的厚度扩展，有时使电子密度下降，有时却使电子密度增加，最大电子密度处高度上升。

当出现电子密度下降的情况时，将使原来由 F_2 层反射的电波可能穿过 F_2 层而不被反射，造成信号中断。电离层暴的持续时间可从几小时到几天之久。由于太阳耀斑爆发喷射出的带电粒子流的空间分布范围较窄，因此在电离层骚扰之后不一定会随之发生电离层暴。

电离层的异常变化中对电波传播影响最大的是电离层骚扰和电离层暴。例如 2001 年 4 月份多次出现太阳耀斑爆发，发生近年来最强烈的 X 射线爆发，出现极其严重的电离层骚扰和电离层暴，造成我国满洲里、重庆等电波观测站发射出去的探测信号全频段消失，即较高频率部分的信号因电子密度的下降而穿透电离层飞向宇宙空间，较低频率部分的电波因遭受电离层的强烈吸收而衰减掉。其他电波观测站的最低起测频率比正常值上升 3 ～ 5 倍，临界频率下降了50%。电离层暴致使短波通信、卫星通信、短波广播、航天测控、长波导航、雷达测速定位等信号质量大大下降甚至中断。

三、电离层的等效电参数

在电波未射入电离层之前，电离层中的中性分子和离子与电子一起进行着漫无规律的热运动。当电波进入电离气体时，自由电子在入射波电场作用下作简谐运动。一般情况下，运动中的电子还将与中性分子等发生碰撞，将它由电波得来的能量转移给中性分子，变成热能损耗，这种损耗叫做媒质的吸收损耗。

设v为电子运动速度，e为电子电量，m为电子质量，υ为碰撞频率（υ表示一个电子在1 s内与中性分子的平均碰撞次数），并设碰撞时电子原有动量全部转移给中性分子，故每秒钟动量的改变为$mv\upsilon$，则电子运动方程为

$$-eE=m\frac{\mathrm{d}v}{\mathrm{d}t}+mv\upsilon \tag{3-1-1}$$

对于谐变电磁场，式(3-1-1)可改写为

$$-eE=\mathrm{j}\omega mv+mv\upsilon \tag{3-1-2}$$

由此可得

$$v=\frac{-eE}{\mathrm{j}\omega m+m\upsilon} \tag{3-1-3}$$

因为电子运动形成的运流电流密度为

$$J_e=-Nev \tag{3-1-4}$$

所以电离层中的麦克斯韦第一方程为

$$\nabla\times\boldsymbol{H}=\mathrm{j}\omega\varepsilon_0E+J_e=\mathrm{j}\omega\varepsilon_0E+\frac{Ne^2E}{\mathrm{j}\omega m+m\upsilon}=$$

$$\mathrm{j}\omega\varepsilon_0\left\{\left[1-\frac{Ne^2}{m\varepsilon_0(\upsilon^2+\omega^2)}\right]+\frac{Ne^2\upsilon}{\mathrm{j}\omega m\varepsilon_0(\upsilon^2+\omega^2)}\right\}E=\mathrm{j}\omega\varepsilon_0\overline{\varepsilon_r}E \tag{3-1-5}$$

式中

$$\overline{\varepsilon_r}=\varepsilon_r+\frac{\sigma}{\mathrm{j}\omega\varepsilon_0} \tag{3-1-6}$$

$$\varepsilon_r=1-\frac{Ne^2}{m\varepsilon_0(\upsilon^2+\omega^2)} \tag{3-1-7}$$

$$\sigma=\frac{Ne^2\upsilon}{m\varepsilon_0(\upsilon^2+\omega^2)} \tag{3-1-8}$$

当考虑地磁场的影响时，电子不仅受到入射电场的作用，还要受到地磁场的作用，其作用力为

$$\boldsymbol{F}_B=-e\boldsymbol{v}\times\boldsymbol{B}_0 \tag{3-1-9}$$

式中，F_B称为洛仑兹力；v为电子的运动速度；B_0为地磁场的磁感应强度。由式(3-1-9)可知，当电子沿入射波电场方向运动时，若电场方向与地磁场方向一致，则$F_B=0$，地磁场对电子运动不产生任何影响。

若电场方向与地磁场方向垂直，则F_B值最大，电子将围绕地磁场的磁力线以磁旋角频率$\omega_H=eB_0/m$作圆周运动。显然，不同的电波传播方向和不同的极化形式，都会引起不同的电子运动情况，表现出不同的电磁效应。这时电离层就具有各向异性的媒质特性，等效介电常数

具有张量的性质。

向任意方向传播的一个无线电波可以看成是两个无线电波的叠加：一个电波的电场与地磁场平行，另一个电波的电场与地磁场垂直，因为地磁场对它们的影响不同，使它们的传播速度也变得不同，因而这两个波在电离层中有不同的折射率和不同的传播轨迹，这种现象称为双折射现象。

第二节　无线电波在电离层中的传播

在讨论无线电波在电离层中的传播问题时，为了使问题简化而又能建立起基本概念，可作如下假设：

(1) 不考虑地磁场的影响，即电离层是各向同性媒质；

(2) 电子密度 N 随高度 h 的变化较之沿水平方向的变化大得多，即认为 N 只是高度的函数；

(3) 在各层电子密度最大值附近，$N(h)$ 分布近似为抛物线状。

一、反射条件

当不考虑地磁场影响时，电离层等效相对介电常数为一标量 ε_r，若满足 $\omega_2 \gg \upsilon_2$ 条件，同时将

$$m = 9.106\times10^{-31}\ \text{kg},\quad \varepsilon_0 = \frac{1}{36\pi}\times10^{-9}\ \text{F/m},\quad e = 1.602\times10^{-19}\ \text{C}$$

代入式(3-1-7)，得

$$\varepsilon_r = 1 - \frac{80.8N}{f^2} \tag{3-2-1}$$

式中，N 为电子密度($1/\text{m}^3$)；f 为频率(Hz)。电离层的折射率 n 为

$$n = \sqrt{\varepsilon_r} = \sqrt{1 - 80.8\frac{N}{f^2}} \tag{3-2-2}$$

假设电离层是由许多厚度极薄的平行薄片构成的，每一薄片内电子密度是均匀的。设空气中电子密度为零，而后由低到高，在 $N_{\max}$ 以下空域，各薄片层的电子密度依次为 $0 < N_1 < N_2 < N_3 < \cdots < N_{n-1} < N_n$，相应的折射率为 $n_0 > n_1 > n_2 > n_3 > \cdots > n_{n-1} > n_n$，如图 3-2-1 所示，当频率为 f 的无线电波以一定的入射角 θ_0 由空气射入电离层时，电波在通过每一薄片层时折射一次，当薄片层数目无限增多时，电波的轨迹变成一条光滑的曲线。

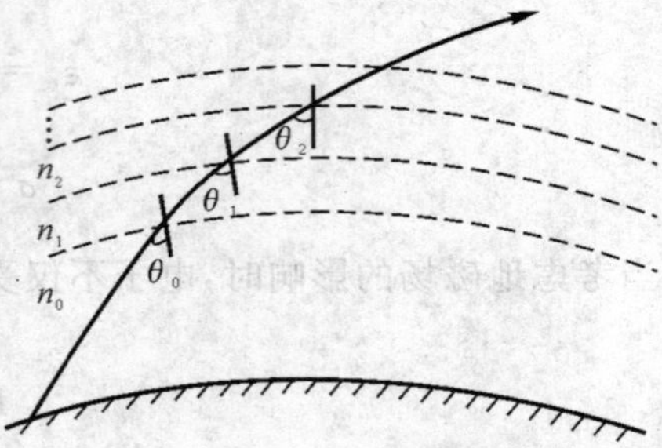

图 3-2-1　电波在电离层内连续折射

根据折射定理，可得

$$n_0\sin\theta_0 = n_1\sin\theta_1 = n_2\sin\theta_2 = \cdots = n_n\sin\theta_n \tag{3-2-3}$$

由于随着高度的增加 n 值逐渐减小，因此电波将连续地沿着折射角大于入射角的轨迹传

播。当电波深入到电离层的某一高度 h_n 时，恰使折射角 $\theta_n=90°$，即电波经过折射后其传播方向成了水平的，它的等相位面成为垂直的。这时电波轨迹到达最高点。在等相位面的高处相速大，而在等相位面的低处相速小，这就会形成电波向下弯曲的传播轨迹，继续应用折射定律，射线沿着折射角逐渐减小的轨迹由电离层深处逐渐折回。由于电子密度随高度变化是连续的，因此电波传播的轨迹是一条光滑的曲线。将 $n_0=1, \theta_n=90°$ 代入式(3-2-3)，可得电波从电离层内反射下来的条件式：

$$\sin\theta_0=\sqrt{\varepsilon_n}=\sqrt{1-\frac{80.8N_n}{f^2}} \tag{3-2-4}$$

式中，N_n 是反射点的电子密度。式(3-2-4)表明了电波能从电离层返回地面时，电波频率 f、入射角 θ_0 和反射点的电子密度 N_n 之间必须满足的关系。由该式可得出如下结论：

(1) 电离层反射电波的能力与电波频率有关。在入射角 θ_0 一定时，电波频率越低，越易反射。

因为当频率越低时，所要求的反射点电子密度就越小，因此电波可以在电子密度较小处得到反射。与此相反，频率越高，反射条件要求的 N_n 越大，电波需要在电离层的较深处才能折回，如图 3-2-2 所示。如果频率过高，致使反射条件所要求的 N_n 大于电离层的最大电子密度 N_{max} 值，则电波将穿透电离层进入太空而不再返回地面。一般而言，长波可在 D 层反射下来，在夜晚由于 D 层消失，长波将在 E 层反射；中波将在 E 层反射，但在白天 D 层对电波的吸收较大，故中波仅能在夜间由 E 层反射；短波将在 F 层反射；而超短波则穿出电离层。

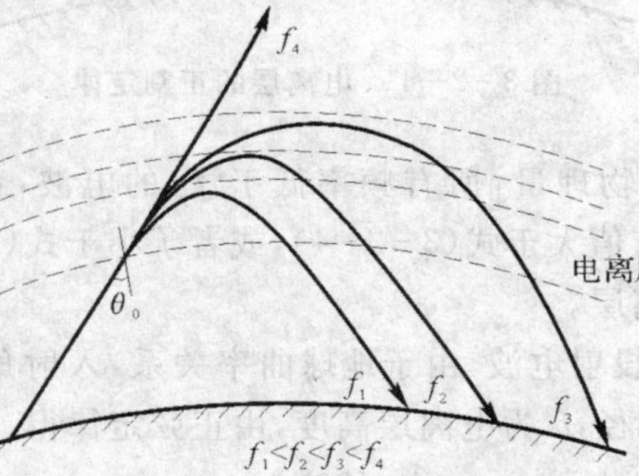

图 3-2-2　电离层反射电波的能力与电波频率的关系

(2) 电波在电离层中的反射情况还与入射角 θ_0 有关。当电波频率一定时，入射角越大，越易反射。这是因为入射角越大，则相应的折射角也越大，稍经折射电波射线就能满足 $\theta_n=90°$ 的条件，从而使电波从电离层中反射下来，如图 3-2-3 所示。

当电波垂直向上发射即 $\theta_0=0°$ 时，能从电离层反射回来的最高频率称为临界频率(Critical Frequency)，用 f_c 表示。将 $\theta_0=0°, N_n=N_{max}$ 代入式(3-2-4)，可得临界频率为

$$f_c=\sqrt{80.8N_{max}} \tag{3-2-5}$$

对于以某一 θ_0 斜入射的电波，能从电离层最大电子密度 N_{max} 处反射回来的最高频率由上两式可得

$$f_{max}=\sqrt{\frac{80.8N_{max}}{\cos^2\theta_0}}=f_c\sec\theta_0 \tag{3-2-6}$$

对于一般的斜入射频率 f 及在同一 N 处反射的垂直入射频率 f_v 之间，也有类似的关系：

$$f = f_v \sec\theta_0 \tag{3-2-7}$$

式(3-2-7)称为电离层的正割定律，如图3-2-4所示。它表明当反射点电子密度一定时(f_v一定时)，通信距离越大(即θ_0越大)，允许频率越高。

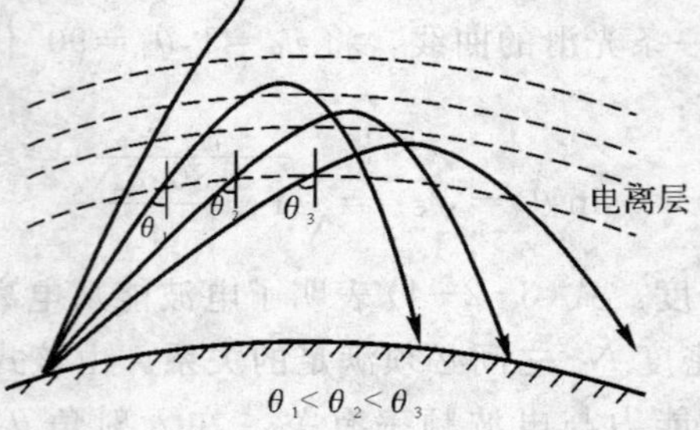

图3-2-3　电波在电离层中的反射情况与入射角的关系

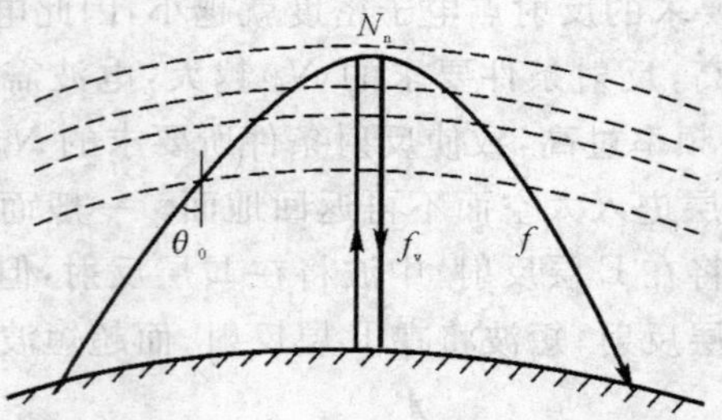

图3-2-4　电离层的正割定律

临界频率是一个重要的物理量，所有频率低于f_c的电波，都能从电离层反射回来。而$f > f_c$的电波，若入射角正弦值大于式(3-2-4)，或者f小于式(3-2-6)最高频率，则能从电离层反射下来，否则穿出电离层。

通常总是以一定仰角来投射电波，由于地球曲率关系，入射角θ_0与射线仰角Δ的关系参见图3-2-5，设R为地球半径，h为电离层高度，由正弦定律得

$$\frac{\sin\theta_0}{R} = \frac{\sin(90° + \Delta)}{k + h} = \frac{\cos\Delta}{R + h} \tag{3-2-8}$$

$$\cos^2\theta_0 \approx \frac{\sin\Delta + \frac{2h}{R}}{1 + \frac{2h}{R}} \tag{3-2-9}$$

在仰角为Δ的条件下，电离层能反射的最高频率为

$$f_{max} = \sqrt{\frac{80.8N_{max}(1 + \frac{2h}{R})}{\sin^2\Delta + \frac{2h}{R}}} \tag{3-2-10}$$

(3) 由于电离层的电子密度有明显的日变化规律，白天电子密度大，临界频率高，则允许使用的频率就高；夜间电子密度小，则必须降低频率才能保证天波传播。

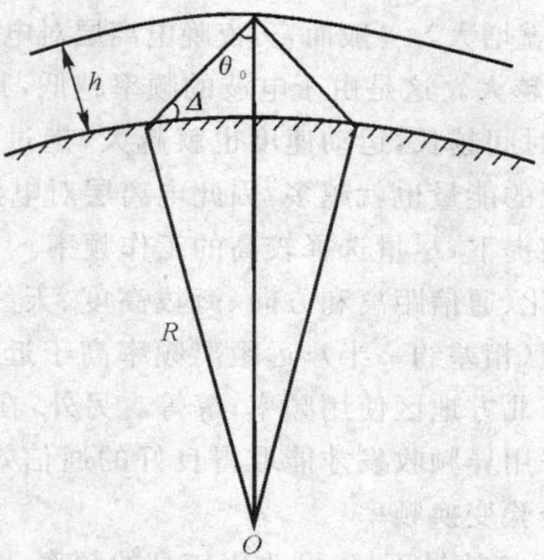

图 3-2-5 入射角 θ_0 与射线仰角 Δ 的关系

二、电离层的吸收

在电离层中，除了自由电子外还有大量的中性分子和离子的存在，它们都处于不规则的热运动中，当受电场作用的电子与其他粒子相碰撞时，就将从电波得到的动能传递给中性分子或离子，转化为热能，这种现象称为电离层对电波的吸收。电离层吸收可分为偏移吸收和非偏移吸收。

非偏移区是指电离层中折射率 n 接近 1 的区域，在这个区域电波射线几乎是直线，故得名非偏移区。例如在短波波段，当电波由 F_2 层反射时，D，E，F_1 层便是偏移区。在D层、E层和F层下缘，特别是D层，虽然电子密度较低，但存在大量中性分子和离子，碰撞频率 υ 很高，因此当电波通过D层时受到的吸收较大，也就是说，D层吸收对非偏移吸收有着决定性的作用。计算非偏移吸收，可根据电磁场理论，已知有耗媒质的 ε_r 和 σ，则衰减常数 α 为

$$\alpha=\omega\sqrt{\frac{\mu_0\varepsilon_0}{2}\left[\sqrt{\varepsilon_r^2+(60\lambda\sigma)^2}-\varepsilon_r\right]} \qquad (3-2-11)$$

对于短波传播，通常满足 $\sigma/(\omega\varepsilon)\ll 1$，则

$$\alpha\approx\frac{60\pi\sigma}{\sqrt{\varepsilon_r}}=\frac{60\pi Ne^2\upsilon}{\sqrt{\varepsilon_r}\,m(\omega^2+\upsilon^2)} \qquad (3-2-12)$$

在非偏移区通常有 $\varepsilon_r\approx 1$，电波在电离层内传播时总衰减可按 $e^{-\int \alpha dl}$ 求出，其中 l 是电波在电离层中所经过的路径。一般来说，这个吸收比较小，由电离层参数的中值计算结果表明，电离层吸收损耗仅为几个分贝，通常是在 10 dB 以下。

偏移区主要是指接近电波反射点附近的区域，在该区域内射线轨迹弯曲，故称为偏移区，其电离层中折射率 n 很小，F层或E层反射点附近的吸收就称为偏移吸收（又称反射吸收）。对于短波天波传播，通常在F层反射，该层碰撞频率很低，因此它比非偏移吸收小得多。因此，在工程计算中，通常把该项吸收和其他一些随机因素引起的吸收合在一起进行估算。

综上所述，电离层对电波的吸收与电波频率、电波入射角及电离层电子密度等有关，其基本规律总结如下：

(1) 电离层的碰撞频率越大或者电子密度越大，电离层对电波的吸收就越大。这是由于总

的碰撞机会增多，因而吸收也就增大。一般而言，夜晚电离层对电波的吸收小于白天的吸收。

(2) 电波频率越低，吸收越大。这是由于电波的频率越低，其周期($T=1/f$) 就越长，自由电子受单方向电场力的作用时间越长，运动速度也就越大，走过的路程也更长，与其他粒子碰撞的机会也越大，碰撞时消耗的能量也就越多，因此电离层对电波的吸收就越大。所以短波天波工作时，在能反射回来的前提下，尽量选择较高的工作频率。

短波通信受到电离层变化、通信距离和方向、海拔高度、天线类型等多种因素的影响和限制。一般来说：日频高于夜频（相差约一半）；远距离频率高于近距离频率；夏季频率高于冬季频率；南方地区使用频率高于北方地区使用频率；等等。另外，在东西方向进行远距离通信时，因为受地球自转影响，最好采用异频收发才能取得良好的通信效果。如果所用的工作频率不能顺畅通信时，可按照以下经验变换频率：

1）接近日出时，若夜频通信效果不好，可改用较高的频率；

2）接近日落时，若日频通信效果不好，可改用较低的频率；

3）在日落时，信号先逐渐增强，而后突然中断，可改用较低频率；

4）工作中如信号逐渐衰弱，以致消失，可提高工作频率；

5）遇到磁暴时，可选用比平常低一些的频率。

第三节　短波天波传播

短波利用天波传播时，由于电离层的吸收随着频率的升高而减小，故能以较小功率借助电离层反射完成远距离传播，可以传播到几百到一两万千米的距离，甚至环球传播。这一节介绍短波天波传播的规律、主要特点及传输损耗的计算等。

一、传播模式

所谓传播模式，就是电波从发射点辐射后传播到接收点的传播路径。由于短波天线波束较宽，射线发散性较大，同时电离层是分层的，所以在一条通信电路中存在着多种传播路径，也即存在着多种传播模式。

当电波以与地球表面相切的方向即射线仰角为零度的方向发射时，可以得到电波经电离层一次反射（称一跳）时最长的地面距离。按平均情况来说，从E层反射的一跳最远距离约为2 000 km，从F层反射的一跳最远距离约为4 000 km。若通信距离更远时，必须经过几跳才能到达。通信距离小于2 000 km时，电波可能通过F层一次反射到达接收点，也可能通过E层一次反射到达接收点，前者称1F传输模式，后者称1E传输模式，当然也可能存在2F或2E模式等，如图3-3-1所示。对某一通信电路而言，可能存在的传输模式与通信距离、工作频率、电离层的状态等因素有关。表3-3-1列出了各种距离可能存在的传输模式。

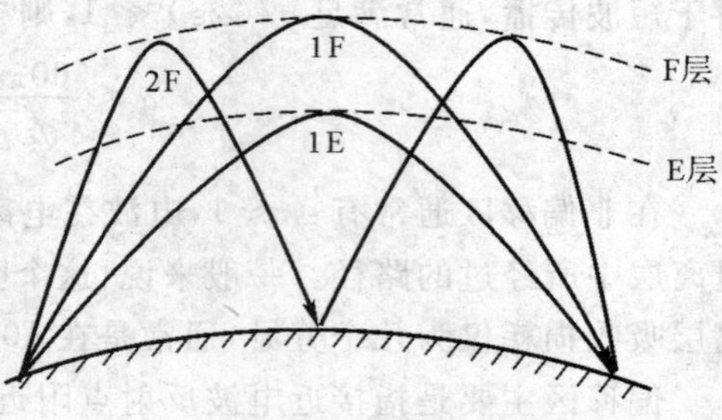

图 3-3-1　传输模式示意图

表 3－3－1　传输模式

通信距离 /km	可能存在的传输模式
0 ～ 2 000	1E,1F,2E
2 000 ～ 4 000	2E,1F,2F,1F1E
4 000 ～ 6 000	3E,4E,2F,3F,4F,1E1F,2E1F
6 000 ～ 8 000	4E,2F,3F,4F,1E2F,2E2F

通常,若通信距离小于 4 000 km,主要传播模式为 1F 模式。但即使是 1F 模式,一般也存在着两条传播路径,如图 3－3－2 所示,其射线仰角分别为 Δ_1 和 Δ_2,低仰角射线由于以较大的入射角投射电离层,故在较低的高度上就从电离层反射下来。

短波传播在某特定条件下存在远距离滑行传播(Sliding Propagation)模式,当电波频率介于临界频率和最高频率之间时,电波可在电离层中滑行传播,如图 3－3－2 所示,通过滑行传播可到达很远距离,有可能实现离地面站很远的、在电离层极大电子密度以上或以下的卫星与地面站之间的通信。

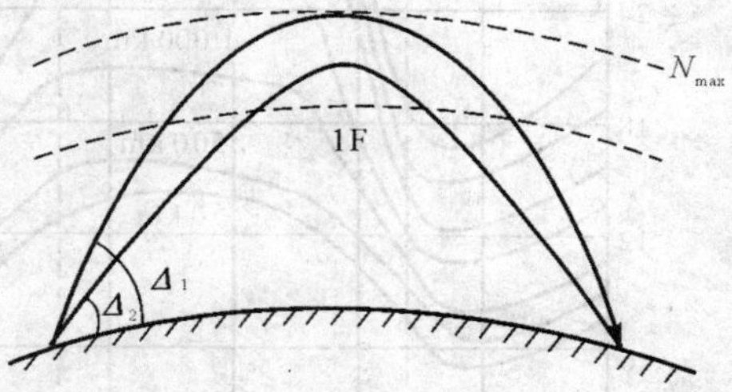

图 3－3－2　1F 模式的两条传播路径

以上现象说明,对于一定的传播距离,电波传播可能存在几种传输模式和几条射线路径,这种现象称为多径传输。加之电离层的随机变异性,使接收电平有严重的衰落现象,引起传输失真。

二、短波天波传播工作频率的选择

根据前面所讨论的电离层对电波的反射和吸收来看,工作频率的选择是影响短波通信质量的关键性问题之一。若选用频率太高,虽然电离层的吸收小,但电波容易穿出电离层;若选用频率太低,虽然能被电离层反射,但电波将受到电离层的强烈吸收。一般来说,选择工作频率应根据下述原则考虑:

(1) 不能高于最高可用频率 f_{MUF}(MUF,Maximum Usable Frequency)。f_{MUF} 是指当工作距离一定时,能被电离层反射回来的最高频率。最高可用频率与电离层的电子密度及电波入射角有关。由于电子密度越大,f_{MUF} 值越高。而电子密度随年份、季节、昼夜、地点等因素而变化,所以 f_{MUF} 也随这些因素变化。其次,对于一定的电离层高度,通信距离越远,f_{MUF} 就越高。这是因为通信距离越远,其电波入射角 θ_0 就越大,由正割定律知频率可以用得高些。图3－3－3 表示在不同的通信距离,f_{MUF} 的昼夜变化的一般规律,从图可以看出,白天的 f_{MUF} 高于夜晚的 f_{MUF}。

(2) 不能低于最低可用频率 f_{LUF}(LUF,Lowest Usable Frequency)。在短波天线传播中,频率越低,电离层吸收越大,接收点信号电平越低。由于在短波波段的噪声是以外部噪声为主,而外部噪声 —— 人为噪声、天电噪声等 —— 的噪声电平却随着频率的降低而增强,结果使信噪比变坏。通常定义能保证所需的信噪比的频率为最低可用频率,以 f_{LUF} 表示。f_{LUF} 也与电子密度有关,白天电离层的电子密度大,对电波的吸收就大,因此 f_{LUF} 就高些。另外

f_{LUF} 还与发射机功率、天线增益、接收机灵敏度等因素有关。

图 3-3-4 给出了某电路最高可用频率和最低可用频率的典型日变化曲线。由以上讨论可知，工作频率应低于最高可用频率，以保证信号能被反射到接收点，而高于最低可用频率，以保证有足够的信号强度，即

$$f_{LUF} < f < f_{MUF} \tag{3-3-1}$$

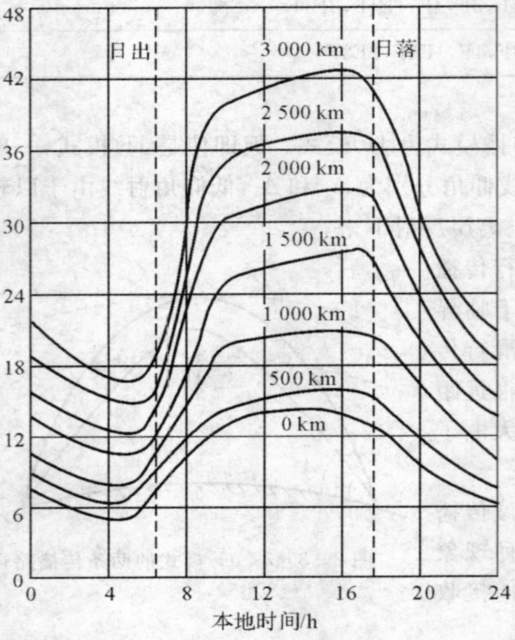

图 3-3-3　f_{MUF} 的昼夜变化

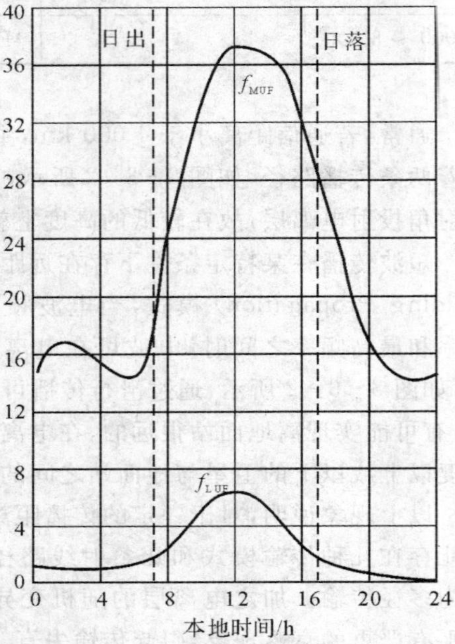

图 3-3-4　最高可用频率和最低可用频率的典型日变化曲线

在保证可以反射回来的条件下，尽量把频率选得高些，这样可以减少电离层对电波能量的吸收。但是，不能把频率选在 f_{MUF}，因为电离层很不稳定，当电子密度变小时，电波很可能穿出电离层。通常选择工作频率为最高可用频率的 85%，这个频率称为最佳工作频率，用 f_{OWF} 表示，即

$$f_{OWF} = 85\% f_{MUF} \tag{3-3-2}$$

(3) 一日之内适时改变工作频率。由于电离层的电子密度随时变化，相应地，最佳工作频率也随时变化，但电台的工作频率不可能随时变化，所以实际工作中通常选用两个或三个频率为该电路的工作频率，选用白天适用的频率称为“日频”，夜间适用的频率称为“夜频”。显然，日频高于夜频。对换频时间要特别注意，通常是在电子密度急剧变化的黎明和黄昏时刻适时地改变工作频率。

例如在清晨时分，若过早地将夜频换为日频，则有可能由于频率过高，而电离层的电子密度仍较小，致使电波穿出电离层而使通信中断。若改频时间过晚，则有可能频率太低，而电离层电子密度已经增大，致使对电波吸收太大，接收点信号电平过低，从而不能维持通信。为了适应电离层的时变性特点，使用技术先进的实时选频系统即时地确定信道的最佳工作频率，可极大地提高短波通信的质量。

三、短波天波传播的几个主要问题

短波天波传播时，电波比较深入地进入电离层，受电离层的影响较大，信号不稳定。即使工作频率选择得正确，有时也难以正常工作。下面简单介绍影响短波天波传播正常工作的几个主要问题。

1. 衰落现象严重

衰落(Fading)现象是指接收点信号振幅忽大忽小、无次序、不规则的变化现象。衰落时，信号强度有几十倍到几百倍的变化。通常衰落分为快衰落和慢衰落两种。慢衰落的周期从几分钟到几小时甚至更长，是一种吸收型衰落，主要是由电离层电子密度及高度变化造成电离层吸收的变化而引起的。克服慢衰落的有效措施之一是在接收机中采用自动增益控制。

快衰落的周期在十分之几秒到几秒之间，是一种干涉型衰落，产生的原因是发射天线辐射的电波是由几条不同路径到达接收点的(即多径效应)，由于电离层状态的随机变化，天波射线路径随之改变，造成在接收点各条路径间的相位差随之变化，信号便忽大忽小。如图 3-3-5 所示，图 3-3-5(a) 是地面波与天波同时存在造成的衰落，因只发生在离发射天线不远处，故这种衰落称为近距离衰落；图 3-3-5(b) 是由不同反射次数的天波干涉形成的衰落，称为远距离衰落；图 3-3-5(c) 是由于电离层的不均匀性而产生的漫射现象引起的衰落；图 3-3-5(d) 是由于地磁场影响而出现的双折射效应引起的衰落。此外，还有极化衰落，由于受地磁场的影响，电离层具有各向异性的性质，线极化平面波经电离层反射后为一椭圆极化波，当电离层电子密度随机变化时，使得椭圆主轴方向及轴比随之相应地改变，从而影响接收点场强的稳定性。

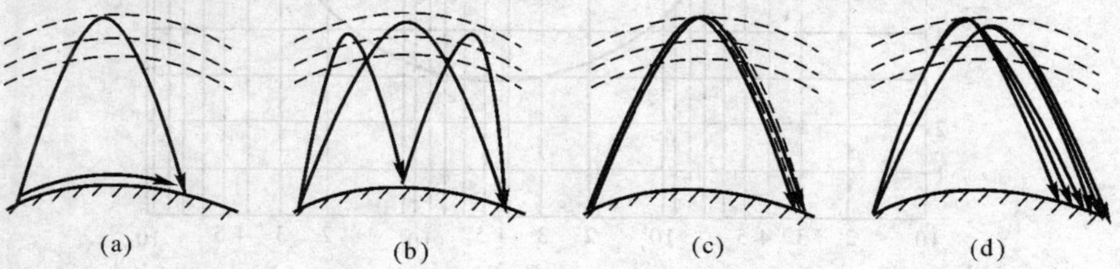

图 3-3-5　干涉性衰落

综上所述，由于电离层电子密度 N 及高度不断变化，使得多条路径传来的电波不能保持固定的相位关系，因此接收点场强振幅总是不断地变化着，这种变化是随机的，而且变化很快，故称为快衰落。波长越短，相位差的变化越大，衰落现象越严重。

克服干涉性快衰落方法之一是采用分集接收(Diversity Receiving)。顾名思义，“分集”二字就含有“分散”与“集合”的两重含义，一方面将载有相同信息的两路或几路信号，经过统计特性相互独立的途径分散传输；另一方面设法将分散传输后到达接收的几路信号最有效地收集起来，以降低信号电平的衰落幅度，具有优化接收的含义。较普遍使用的分集方式有空间分集、频率分集、时间分集和极化分集等。其中空间分集使用尤为广泛，就是设置多个接收点，分布在相距若干个波长(5～10)λ 的地方，则同一工作频率的信号在这些接收点的衰落并不同时发生，这时因为传输衰落的随机特性，在两个足够分散的点上同时衰落的概率是很小的，这就有可能在两个以上的点同时进行接收，并采用相应的接收方法后，互相补偿信号电平，即可极大地减小在接收机输出端的信号衰落深度。

2. 多径时延效应

短波天波传播中,随机多径传输现象不仅引起信号幅度的快衰落,而且使信号失真或使信道的传输带宽受到限制。

多径时延(Multipath Time Delay)是指多径传输中最大的传输时延与最小的传输时延之差,以 τ 表示,其大小与通信距离、工作频率、时间等有关。

(1) 多径时延 τ 与工作距离有较明显的关系。如图 3-3-6 所示为萨拉曼(Salaman)依据实验资料作出的多径时延与通信距离的关系曲线,由图可见,在 200 ~ 300 km 的短程电路上,多径时延可达 8 ms,这主要是因为在几百千米的短程电路上,通常都使用弱方向性天线如双极天线等,电波传播模式较多,射线仰角相差不大,吸收损耗也相差不大,故在接收到的信号分量中,各种模式都有相当的贡献,这样在短程电路中就会造成严重的多径时延。在 2 000 ~ 5 000 km 的距离上,可能存在的传输模式较少,多径时延 3 ms 左右。而在 5 000 ~ 20 000 km 的长程电路上,由于不可能有单跳模式,可能存在 2E,2F,1E1F 等传输模式,传输情况更为复杂,因此多径时延又逐渐增加到 6 ms 左右。

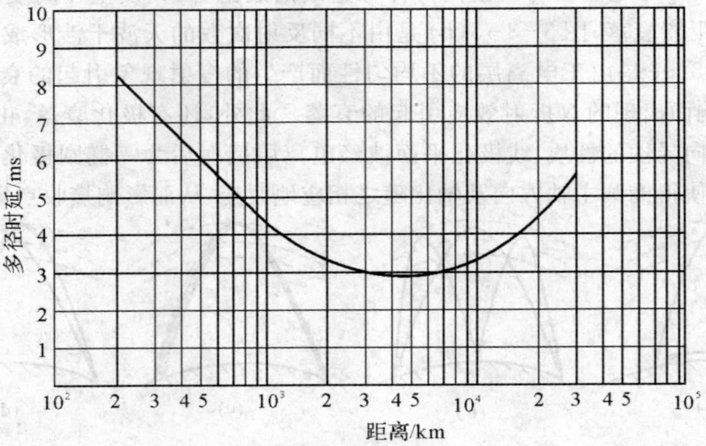

图 3-3-6　多径时延与通信距离的关系

(2) 多径时延与工作频率有关。当频率接近最高可用频率时,多径时延最小,特别是在中午,D,E 层吸收较大,多跳难以实现,容易得到真正的单跳传播。当频率降低时,传播模式的种类就会增加,因而多径时延增大。当频率进一步降低时,由于电离层吸收增强,某些模式遭到较大的吸收而减弱,可以忽略不计,多径时延有可能减小。因此,要减小多径时延,必须选用比较高的工作频率。在短波数字通信中,多径时延会引起码元畸变,增大误码率,因此选用工作频率一般要比短波模拟通信时略高一些才更有利。

(3) 多径时延随时间变化。由于电离层电子密度的变化,造成多径时延随着时间而变化。在日出日落时刻,电离层电子密度剧烈变化,多径时延现象最严重、最复杂,而中午和子夜时多径时延一般较小且较稳定。多径时延不仅随日时变化,而且在零点几秒至几秒时间内都会有变化。

3. 静区

在短波电离层传播的情况下,有些地区天波和地波都收不到,而在离发射机较近或较远的地区均可收到信号,这种现象称为越距,收不到任何信号的地区称为"静区"(Silent Zone),也称"哑区"。如图 3-3-7 所示,静区是一个围绕发射机的某一环行地带(设发射天线水平面是无方向性的)。

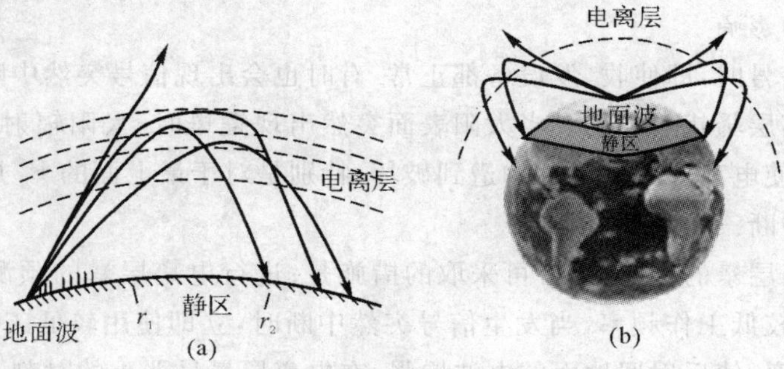

图 3-3-7　短波传播的静区

产生静区的原因是:一方面短波的地面波传播因受地面吸收,随距离的增加衰减较快,设其能达到的最远距离为 r_1;另一方面对天波传播来说,则因距离太近,射线仰角太大,电波穿出电离层而没有天波到达。出现天波的最近距离,就是静区的外边界 r_2。频率越低,地面波能传播更远的距离,天波可以到达更近的距离,因而静区范围缩小。增大发射功率,也可以使地面波传播更远的距离,使静区范围缩小。对于短波小功率近距离通信(0～300 km),通常选用较低的工作频率,并采用主要向高空辐射的天线(又称高射天线)。

4. 环球回波现象

无线电波传播速度 $c=3\times10^8$ m/s,一条长 6 000 km 的通信线路,电波只要 20 ms 即可到达。可是,有时候电波由发射点出发要经过 100 多毫秒才能到达接收点,这种奇怪的现象该如何解释呢?

经过研究发现,在适当的条件下,电波可经电离层多次反射,或者在地面与电离层之间来回反射,可能环绕地球再度出现,如图 3-3-8 所示,称为环球回波。环球回波有反向回波和正向回波两种。

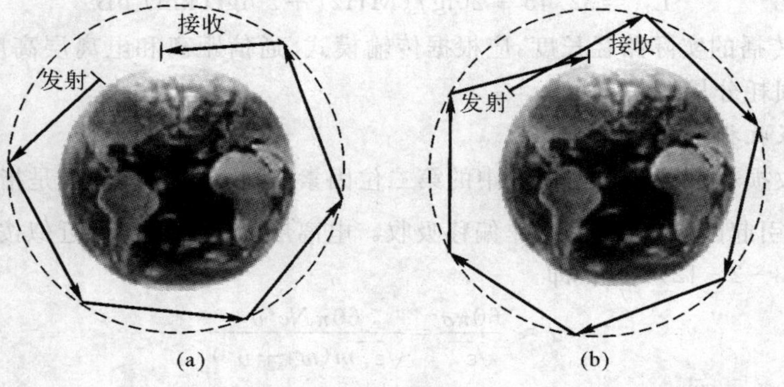

图 3-3-8　环球回波

(a) 反向回波；(b) 正向回波

滞后时间较大的回波信号将使接收机中出现不断地回响，影响正常通信，故应尽可能地消除回波的发生。采用单方向性辐射的收发天线可以消除反向回波，去除正向回波比较困难，可以通过适当降低辐射功率和选择适当的工作频率来防止回波的发生。

5. 电离层暴的影响

在收听短波信号时，即使收、发设备都正常，有时也会出现信号突然中断现象，这往往是由于电离层暴或电离层骚扰引起的。当太阳表面突然出现耀斑时，太阳辐射出强大的紫外线和大量的带电粒子，使电离层的正常结构遭到破坏，特别是对于最上面的 F_2 层影响最大，因而可能造成信号突然中断。

为了防止电离层暴的影响，通常可采取的措施是：进行电离层暴的预测预报，以便事先采取适当措施；选择较低工作频率，当发生信号突然中断时，立即使用较低工作频率利用 E 层反射；增大发射机功率，使反射回地面的电波增强；在电离层暴最严重的时刻，若利用以上方法尚不能恢复正常时，可采用转播方法以绕过暴变地区。

四、传输损耗的估算

短波天波的传输损耗有很多，其中基本传输损耗 L_b 通常是指电波在实际媒质中传输时，由于能量扩散和媒质对电波的吸收、反射、散射等作用而引起的电波能量衰减，这里主要介绍基本传输损耗 L_b。

基本传输损耗 L_b 可分成四部分，其中最主要的一项是自由空间基本传输损耗 L_{bf}，第二项是电离层吸收损耗 L_a，第三项损耗是多跳传输时地面反射所产生的大地反射损耗 L_g，除此之外还有一些额外系统损耗 L_p。若各项损耗均用分贝表示，则天波传播的基本传输损耗 L_b 为

$$L_b = L_{bf} + L_a + L_g + L_p\,(\mathrm{dB}) \tag{3-3-3}$$

它们是工作频率、传输模式、通信距离和时间的函数。

1. 自由空间基本传输损耗 L_{bf}

电波在传播过程中，随着距离的增大，能量扩散到愈来愈大的球面上，从而引起功率流密度的下降，形成电波场强的"扩散衰减"，其计算公式已由式(2-2-7)给出，即

$$L_{bf} = 32.45 + 20\lg f(\mathrm{MHz}) + 20\lg r(\mathrm{km})\ \mathrm{dB} \tag{3-3-4}$$

式中，r 为电波传播的实际路径长度，应根据传输模式、通信距离和电离层高度进行计算。L_{bf} 是主要的传输损耗分量。

2. 电离层吸收损耗 L_a

电离层吸收损耗是天波传输损耗中的第二位因素，对短波而言，主要是指电波穿过电离层时由 D 层、E 层引起的吸收损耗，即非偏移吸收。电离层的吸收损耗可近似按 $e^{-\int \alpha dl}$ 求出，其中衰减系数由式(3-2-12)求出，即

$$\alpha \approx \frac{60\pi\sigma}{\sqrt{\varepsilon_r}} = \frac{60\pi N e^2 \upsilon}{\sqrt{\varepsilon_r}\, m(\omega^2 + \upsilon^2)} \tag{3-3-5}$$

3. 大地反射损耗 L_g

这种损耗是在多跳传输时地面反射产生的，它与电波的极化、频率、射线仰角以及地质情况等因素有关。由于电波经电离层反射后极化面旋转且随机变化，入射地面时的电波是杂乱极化的，因此，严格计算 L_g 值是有困难的，工程上处理的办法是对圆极化波进行计算。假设入

射电波是圆极化波，即水平极化分量和垂直极化分量相等，则地面反射损耗为

$$L_g = 10\lg\left(\frac{|R_V|^2 + |R_H|^2}{2}\right)\ \text{dB} \tag{3-3-6}$$

式中，R_V 和 R_H 分别是垂直极化和水平极化的地面反射系数，由下式给出：

$$R_V = \frac{(\varepsilon_r - j60\lambda\sigma)\sin\Delta - \sqrt{(\varepsilon_r - j60\lambda\sigma) - \cos^2\Delta}}{(\varepsilon_r - j60\lambda\sigma)\sin\Delta + \sqrt{(\varepsilon_r - j60\lambda\sigma) - \cos^2\Delta}} \tag{3-3-7}$$

$$R_H = \frac{\sin\Delta - \sqrt{(\varepsilon_r - j60\lambda\sigma) - \cos^2\Delta}}{\sin\Delta - \sqrt{(\varepsilon_r + j60\lambda\sigma) - \cos^2\Delta}} \tag{3-3-8}$$

式中，Δ 为射线仰角。

4. 额外系统损耗 L_p

额外系统损耗 L_p 包括除上述三种损耗以外的其他所有原因引起的损耗，例如偏移吸收、E_s 层附加损耗、极化损耗、电离层非镜面反射损耗等。实际电离层等效反射面往往是弯曲的，当这个面类似凹面反射镜时，电波经电离层反射到达地面的功率流密度，就比电离层为平面时反射的功率流密度要大，这就是电离层聚焦。通常电离层可能或多或少地出现这种情况。当电离层等效反射面类似于凸面反射镜时，电波经电离层反射到达地面的功率流密度就比平面时反射的小，这就是电离层散焦。电离层的聚焦和散焦效应，可使天波传输损耗产生 5～10 dB 左右的变化。

L_p 是一项综合估算值，它是由大量电路实测的天波传播损耗数据，扣除已指明的三项损耗后而得到的。L_p 值与反射点的本地时间 T(h) 有关，可按下述数值估算：

$$\left.\begin{aligned} L_p &= 18.0\ \text{dB} \quad 22\ \text{h} < T \leqslant 04\ \text{h} \\ L_p &= 16.6\ \text{dB} \quad 04\ \text{h} < T \leqslant 10\ \text{h} \\ L_p &= 15.4\ \text{dB} \quad 10\ \text{h} < T \leqslant 16\ \text{h} \\ L_p &= 16.6\ \text{dB} \quad 16\ \text{h} < T \leqslant 22\ \text{h} \end{aligned}\right\} \tag{3-3-9}$$

五、短波天波传播的特点

综合以上讨论，短波天波传播的基本特点是：

(1) 能以较小的功率进行远距离传播。由于天波传播是靠高空电离层反射来实现的，因此不受地面吸收及障碍物的影响。此外，这种传播方式的损耗主要是自由空间的传输损耗，而电离层吸收及地面损耗则较小，在中等距离（1 000 km 左右）上，电离层的平均损耗只不过 10 dB 左右。因此，利用小功率电台可以完成远距离通信。例如，发射功率为 150 W 的电台，用 64 m 双极天线，通信距离可达 1 000 多千米。

(2) 白天和夜间要更换工作频率。由于电离层的电子密度、高度在白天和夜间是不同的，因此工作频率也应不同，白天工作频率高，夜间工作频率低。在日出日落前后要更换工作频率，而不像地面波传播那样昼夜可使用同一频率。

(3) 传播不太稳定，衰落严重。由于电离层的情况随年份、季节、昼夜和地理位置的不同而变化，因此天波传播不如地面波稳定，且衰落严重。

(4) 天波传播由于随机多径效应严重，多径时延 τ 较大，多径传输媒质的相关带宽 $\Delta f = 1/\tau$ 较小，因此对传输的信号带宽有较大的限制。

(5) 电台拥挤、干扰大。由于电离层能反射电波的频率范围是很有限的，一般是短波以下(只有在太阳活动最大年份才达到50 MHz左右)，波段范围比较窄，因此短波波段内的电台特别拥挤，电台间的干扰很大，尤其是夜间，由于电离层吸收减弱，所以干扰更大。

近年来，人们进一步认识到电离层媒质抗毁性好，对电波能量的吸收作用小，特别是短波通信电路建立迅速，机动灵活，设备较简单及价格低廉等，因而加强了对短波电离层信道的研究，并不断改进短波通信技术，使通信质量有明显的提高。尽管目前已有性能优良的卫星通信、微波中继通信、光纤通信等多种通信方式，然而短波通信仍然是一种十分重要的通信手段，特别是在移动通信方面，短波更占有重要的地位，如船舶、飞机、车辆等仍广泛采用短波通信，应用其他无线电通信设备往往比短波通信技术要求高，造价高。

第四节　中波天波传播

中波通常在E层反射，但在白天，由于D层吸收大，使大部分中波不能用天波传播，而依靠地面波传播；而在夜晚，D层消失，吸收较小，因此夜间中波既可利用地面波又可利用天波传播。波长为2 000～200 m(频率为150 kHz～1.5 MHz)的中波主要用于广播业务，故此分波段又称广播波段。由于上述原因，中波波段的广播电台信号晚上比白天多。根据广播波段的传播特性，通常可按距离远近将电波收听质量分为三个服务区，如图3-4-1所示。

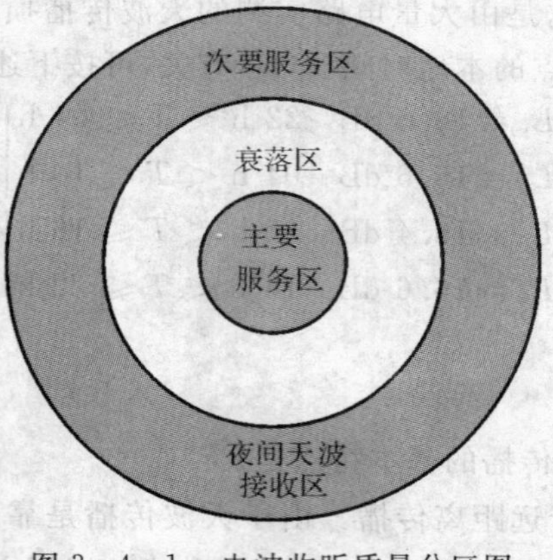

图3-4-1　电波收听质量分区图

(1) 主要服务区(良好接收区)—— 离发射台较近地区。此区域接收的电波以地面波为主，即使在夜间，地面波场强也远大于天波场强，故白天和夜间，此区域内的场强都很强，因此接收点场强稳定，没有明显的衰落，不受太阳的影响，称为良好接收区，是广播电台的主要服务区。此服务区的半径决定于发射机功率、发射天线的方向性以及地面的导电性质。频率愈高，地面波传播损耗愈大，作用距离半径将减小。

(2) 衰落区 —— 稍远地区。距离进一步增大则地面波场强逐渐减弱。如果辐射功率大于几十千瓦，则在150～300 km的距离范围内，地面波仍有一定强度。在白天因为没有天波，较弱的地面波仍然比较稳定，只要接收机灵敏度足够高，仍能满意地收听。到了夜间，出现了电离层反射的天波，由于电离层的电子密度的随机变化，使得天波传播的射线行程也随之变化，因此，天波和地面波的干涉作用，使得合成场强形成干涉性衰落，此区域称为衰落区。防止衰落的积极措施，是发射天线采用抗衰落天线，即设法使天线沿低仰角方向集中辐射，尽量减小天波辐射。

(3) 次要服务区 —— 很远地区。此区域地面波已经消失，只有在晚上才能收到较强的天波信号，称为广播电台的次要服务区。这个区域的特点是白天收不到远距离的广播电台信号，而在夜晚，由于天波传播损耗减小，故可以收到信号，这就是为什么中波波段的广播信号到夜晚突然增多的原因。

夜间E层的电子密度与太阳无关，因此中波天波受太阳活动性影响小，如太阳黑子数的变化对中波天波传播的影响很小，夜间也不会发生电离层的突然骚扰，场强随季节的变化也很小。

第五节　流星余迹通信中的电波传播

一天之内宇宙星空中约有 10^{12} 个宇宙尘埃进入地球大气层，这些尘埃总量约 1 t，故多数所谓的流星只有沙砾般大小，质量在 10^{-5} g 以上的流星才可以为通信所使用。当它们进入大气层时，在地球上空 85 ～ 120 km 的范围内，由于流星与大气的高速摩擦，产生了一个电离气体柱。典型的电离气体柱约 20 ～ 30 km 长，它在数秒中内即扩散开。在它的扩散初期会形成一个理想的低 VHF 频带的电波反射体，利用这一反射体，可以在 2 000 km 的范围内设定一个点对点的通信信道。

这一流星余迹通信信道的发生时刻和持续时间虽然具有不确定性（符合特定的概率分布），然而在它的存在期间具有高度的稳定性，因此可以利用它构成高可靠性的通信传输系统，当然在实际的通信过程中，通信频率的变更和天线调整是必要的。流星余迹通信与电离层反射的短波通信相比，容易实现并且价格便宜，实现自动化也比较简单。

对于 30 ～ 100 MHz 范围内的 VHF 频段内的电波，电离层的反射能力很弱，而流星余迹的反射能力则很强，因此这是流星余迹通信系统可利用的频带范围。在这一范围内，频率越低，越容易构成性能良好的通信系统；然而，考虑到天线的因素及排除外部的杂波的影响，越高的频率越有利。考虑这些方面的因素，流星余迹通信系统中一般使用 30 ～ 50 MHz 电波。

流星余迹通信系统使用流星的电离余迹来传播无线电信号，流星余迹的高度决定了流星余迹通信双方的距离。这个情况由图 3-5-1 来表述。流星余迹通信在一定的程度上与卫星通信很相似，在这个通信系统所利用的"反射体"就好像是一颗"自然卫星"一样。

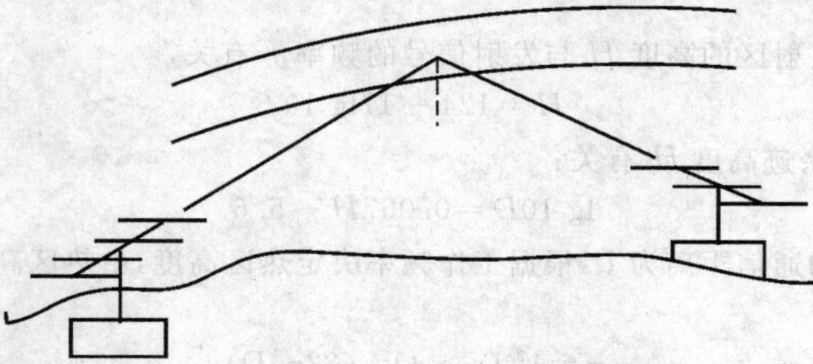

图 3-5-1　流星余迹通信的机制

进入到大气层中的流星余迹，只有在满足一定的物理条件时才能够用于收发双方站之间的通信，这个物理条件包括流星余迹出现的高度、余迹的方向性、余迹的电子线密度的几个方面的因素。在流星余迹通信系统中所涉及的流星一般都是比较小的，大多数不会大于沙砾的大小。典型的余迹的是几米宽，平均 25 km 长，仅仅持续很短的时间，在这样短的时间内进行通信是可能的，通信的时间是变化的(一般为几百毫秒到几秒)。尽管每天进入大气层的流星数目是相当多的，但只有具有合适的位置、合适的方向的流星才能用于收发双方的通信。

一、流星余迹信道

流星余迹轨迹一般位于离地面 85 ～ 120 km 处。根据电磁波传播理论，只有信号在收发两站之间的传播距离是波长的整数倍时，信号才能叠加。而相邻费涅耳带域的作用相反，因此起主要作用的是最靠近基站的半个费涅耳带域，传播主区为一椭球形状，椭球的焦点就是收发两站。

流星余迹通信中，与以两站为焦点旋转的椭圆体的相接处有流星余迹产生时，这两站之间才有可能通信。这种状态称为两站之间存在流星突发传输路径。由发站发射的电波到达流星余迹，就被以流星余迹为轴的椭圆壳再辐射，然后到达这个椭圆壳与地面相交的区域。这个区域一般为细长的马蹄形，称为“足迹”(Meteor Burst Footprint)。处于这个区域内的站，才能收到发站所发的信息。因此，流星余迹通信具有很强的保密性和抗干扰性。

当收发两站确定时，流星余迹通信存在一个热点区，大概位于连接这两站的大圆中点左右两侧约 100 km 的区域内。所谓的热点区，就是流星余迹容易产生的空间范围。

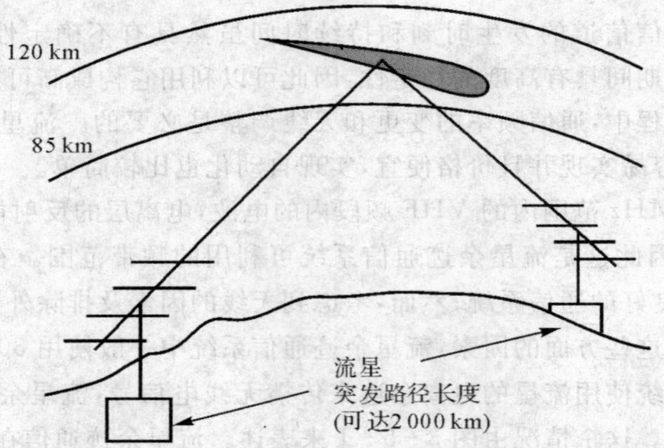

图 3-5-2　流星余迹通信的热点区

流星余迹通信反射区的高度 H 与发射信号的频率 f 有关，

$$H = 124 - 17\lg 10f \tag{3-5-1}$$

扩散系数 D 与余迹高度 H 有关：

$$\lg 10D = 0.067H - 5.6 \tag{3-5-2}$$

设两基站之间的通信距离为 L，根据工作频率决定热区高度，由热区高度来决定衰减系数 τ，即

$$\tau = \lambda^2 (\sec \phi)^2 / (32\pi^2 D) \tag{3-5-3}$$

$$\sec^2\phi = 1 + \frac{L^2}{\left(2H + \frac{L^2}{4R}\right)^2} \quad (3-5-4)$$

式中，R 为地球半径，取 6 400 km。

下面是衰减系数 τ 随距离的变化，其中发射频率为 40 MHz。

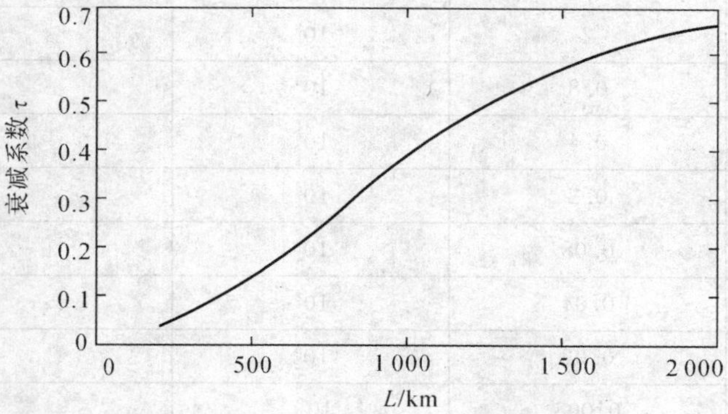

图 3-5-3　衰减系数随距离变化规律

随着通信距离的缩短，衰减系数 τ 减小，反射信号的功率衰减得也越快，可用时间也越短。而最小的可用时间是 100 多毫秒(包括探测序列、应答序列的相关，发送一帧数据到接收到对数据帧的应答之间的时间)，因此当通信距离短时，可适当降低载波频率，使可用时间变长。

二、流星余迹的特性和参数

进入到大气层的流星，其尺寸从几米到更大或是更小不等。进入大气层的流星数目与其大小是成反比的，因此进入到大气层中的小的流星数目要远多于大的流星数目，这个关系可以从表 3-5-1 中看到(其中还给出了典型的电子线密度)。

流星可以被划分为两类：过密类流星(overdense)和欠密类流星(underdense)，流星余迹通信系统利用的流星绝大多数是欠密类的。流星的电子线密度用来表示流星的特征，电子线密度大于 10^{14}/m 的是过密类流星。进入大气层的流星的质量越大，被电离的流星余迹的电子线密度就越大。因此出现欠密类流星的概率大。对于过密类流星，电波无须到达其内部，直接在表面反射。对于欠密类流星，电波渗入表面，受各个电子反射，随着欠密类轨迹的扩展，多径传播使接收信号的幅度呈指数衰减。

从过密类的流星余迹反射来的信号在很快的时间内达到峰值，然后开始参数为时常数的指数衰减(时常数即为衰减因子)，余迹的持续时间从几百毫秒到几秒不等。衰减因子由流星余迹的扩散因子来决定。从过密类发射过来的信号先是慢慢地升到峰值，跟着慢慢地衰减。整个的持续时间为几秒(典型值)，比由欠密类流星反射过来的信号的持续时间要长。但是，过密类流星的多径效应，比欠密类的要严重，反过来影响了通信的性能。具体的情况列于图 3-5-4 ～ 图 3-5-6。

表 3-5-1　电子线密度与出现颗数的实验统计数据

质量 /g	半径 /cm	出现颗数 /d	电子线密度 /m
10^4	8	10	
10^3	4	10^2	
10^2	2	10^3	
10	0.8	10^4	10^{18}
1	0.4	10^5	10^{17}
10^{-1}	0.2	10^6	10^{16}
10^{-2}	0.08	10^7	10^{15}
10^{-3}	0.04	10^8	10^{14}
10^{-4}	0.02	10^9	10^{13}
10^{-5}	0.008	10^{10}	10^{12}
10^{-6}	0.004	10^{11}	10^{11}
10^{-7}	0.002	10^{12}	10^{10}

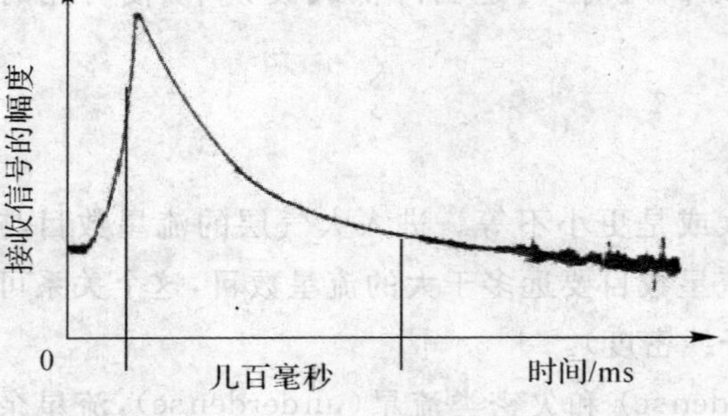

图 3-5-4　欠密类余迹

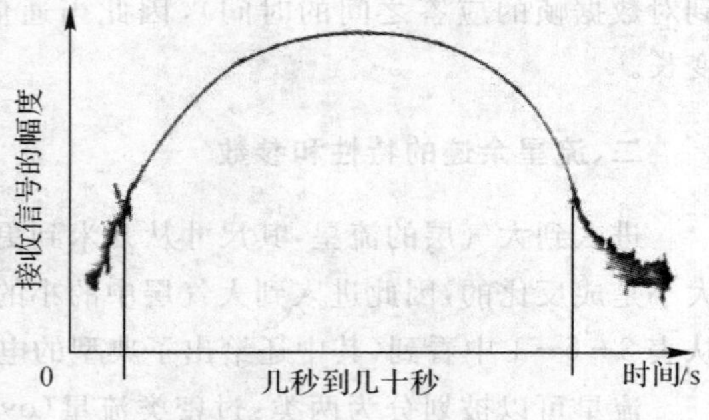

图 3-5-5　过密类余迹

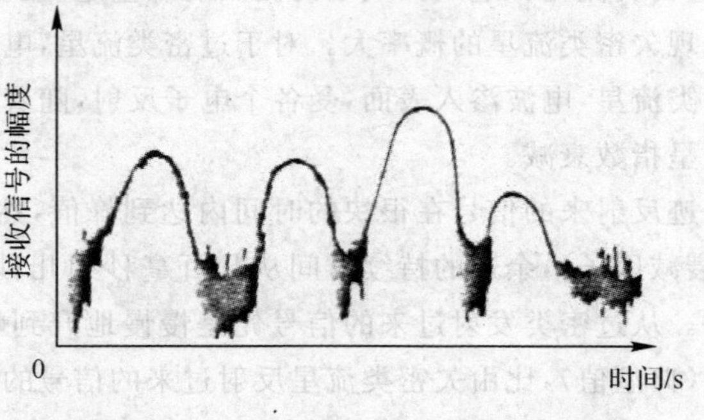

图 3-5-6　有衰落的过密类余迹

下面介绍几个表明流星余迹通信系统特征的重要参数，并说明这些参数是如何受到系统工作频率的影响的，进而，会对如何选择流星通信系统的工作频率有一个较为深入的理解。集中讨论以下几个参数：

- 峰值(Peak Return Level)；
- 平均突发长度(Average Burst Length)；
- 等待时间(Wait Time)；
- 占空因子(Duty Cycle)；
- 通过率(Throughput)。

1. 峰值电平

$$P_{R欠}=\frac{P_T G_T G_R \lambda^3 q^2 R_e^2 \sin^2\alpha}{16\pi^2 R_T R_R (R_T+R_R)(1-\sin^2\varphi\cos^2\beta)} \tag{3-5-5}$$

$$P_{R过}=\frac{P_T G_T G_R \lambda^2 \sin^2\alpha}{32\pi^2 R_T R_R (R_T+R_R)(1-\sin^2\varphi\cos^2\beta)} \tag{3-5-6}$$

2. 突发长度

突发长度即可利用的流星余迹信道的持续时间，它与以下几个因素有关：接收功率的大小，接收信号所在地域的噪声水平及在通信期间必要的信噪比。设噪声的功率谱密度为 η、收信机的频带为 B、噪声功率为 $N=\eta B$。必要的信噪比为 γ，则接收时必要的接收功率的门限值 γ'

$$\gamma'=\gamma N=\gamma B\eta \tag{3-5-7}$$

设 P_R 为初始收信功率值，那么流星余迹通信信道的持续时间为

$$T_u=\ln\left(P_R/\gamma'\right)/\tau \tag{3-5-8}$$

可见流星余迹信道可利用的时间，在 τ 一定的情况下，符合参数为 $1/\tau$ 的指数分布。

突发持续时间的概率密度：$P_d(t)=(1/\tau)e^{-t/\tau}$。

等待时间：两次可用的流星余迹之间的等待间隔是流星余迹通信系统的一个重要参数。这个时间描述了本次通信距下一次可用流星余迹到达并开始信息传输的时间间隔。这个时间反比于系统的工作频率，典型的等待时间的取值范围从几秒到几分钟不等。

概率密度：$P_i(t)=(1/T)e^{-t/T}T=\tau/\eta$。

占空因子：这个参数用于描述和比较流星余迹通信链路的性能，其物理意义是：在流星余迹通信链路建立到拆除的过程中进行通信和数据传输所占的时间比。

占空因子的计算：

$$p=\frac{2L\left[(\xi^2-1)(\xi^2-\eta^2)-\xi^2\eta^2/D^2\right]^{\frac{1}{2}}}{\pi D(\xi^2-\eta^2)(\xi^2-1)^2} \tag{3-5-9}$$

反射概率：

$$\xi=\frac{R_T+R_R}{2D}$$

$$\eta=\frac{R_T-R_R}{2D}$$

其中

$$R_T=\sqrt{(x+D)^2+y^2+h^2}$$

$$R_R=\sqrt{(x-D)^2+y^2+h^2}$$

$$h = 124 - 17\lg f$$

式中，x，y 为以收发站大圆路径中点为坐标原点的坐标值；R_T 是反射点距发射站的距离；R_R 是反射点距接收站的距离；$2D$ 为收发站之间的距离；L 为余迹的平均长度；h 是流星余迹的发生高度(km)，f 的单位为 MHz。

占空因子值为

$$\eta_0 = \sqrt{\left(P_T \frac{\lambda}{4\pi D} \Big/ P_L\right) 2\pi} \times R_e C_0 \times \iint_{D_0} \sqrt{G_T G_R}\, p \mathrm{d}A \times \tau_0 \qquad (3-5-10)$$

式中，C_0 代表流星余迹的年平均强度($160\mathrm{m}^3/\mathrm{s}$)；$D_0$ 代表流星出现高度的一个平面域；$R_e = 2.817\,8 \times 10^{-15}$ 为电子的平均半径大小；P_T 是发射机的发射功率；G_T 是发射机的天线增益(12 dBi)；G_R 是接收机的天线增益(12 dBi)；λ 是发射信号的波长；P_L 为接收机的灵敏度；τ_0 为基准的持续时间。

工作频率：流星通信系统一般工作于 30 ～ 50 MHz 的 VHF 频段。

欠密类余迹的接收功率的衰减因子为

$$\tau = \frac{\tau_0}{\cos^2\varphi} \qquad (3-5-11)$$

其中

$$\tau_0 = \frac{\lambda^2}{32 \times \pi^2 \times d}$$

$$\lg d = 0.067h - 5.6$$

式中，d 是扩散因子(m^2/s)。

到达间隔：两次流星余迹出现的时间间隔，服从参数为平均到达间隔的指数分布。

三、流星余迹通信中的多径效应与天线选用

国内、外在提高流星余迹通信的传输速率时，发现实际信道容量的提高远小于理论预计值。这是由于多径传播引起的问题。在流星余迹通信中多径产生的一个主要原因是在离地面 80 ～ 100 km 高度上天线照射区内出现两个或多个流星余迹。多个流星余迹引起的多径信号的时间迟延可达 300 ～ 500 μs。另一个产生多径干扰的原因是由于电离层中风的剪切作用。单个过密类余迹畸变为不规则的圆柱，形成两个或更多的主菲涅耳区，因而产生了几个不同的传输路径。这种情况下的多径延迟最大可为几十微秒。夏季经常而不定期出现的离散 E 层，它的信号往往很强。E 层反射信号多径时延值约 40 μs，而且包含严重的快衰落。在高纬度和极区离散 E 层也较多地产生，再加上极光产生多径干扰，在极区多径延迟时间可以超过 1 ms。

持续时间小于 1 s 的欠密类余迹，在明显畸变前已经扩散消失，其散射信号的指数衰减是由于余迹扩散膨胀所引起的，而不是多径传播所致，因而欠密类信号具有良好的空间和频率的相关性。据观察，在 1 000 km 路径上，50 MHz 工作频率，当天线间隔顺沿大圆路径达 150 km 时，相关系数才下降至 0.5；当天线垂直于路径，分开间隔达 30 km 时，相关系数下降至 0.5。工作频率间隔大于 5 MHz 后，相关系数下降至 0.5。

但对过密类余迹信号，其多径干扰引起接收信号幅度的快衰落。这时当两副天线距离大于 50λ 时(λ 为工作波长)，相关系数下降至 0.5。

在以往的流星余迹通信系统中，大多采用空间分集和极化分集的方法抗衰落。流星余迹

反射和散射对信号的极化方向是不守恒的，因此极化分集显得较为有利，而且对流星余迹车载、机载移动通信提供了理论依据。

在流星余迹通信中，信号的突发性给抗多径技术带来了难题。另外，由于抗多径技术的开销，对系统总体性能的衡量也是需要考虑的。

在流星余迹通信中，当发射天线和接收天线的增益增大时，对信号产生有用反射的微弱流星余迹的数目就增多。高增益天线其方向性较强，方向图的主瓣变窄，因此被天线“照射”的空间区域就小，又导致可反射电信号的流星数量减少。

在点对点流星余迹通信站和网络从站上，大多采用八木天线。它由一个有源振子和若干无源振子组成。它的方向图具有较尖锐的单方向性、较高的增益和较窄的频带。

对于网络主站，如栅格网站、星形网主站或移动网的基站，其天线要求既具有全方向性又要有较高的增益。全方向性如有高频线栅透镜天线，不对称双锥天线等。自适应天线阵是目前较关注的基站天线形式，被称为余迹自适应天线阵技术。它较好地解决了天线方向性和增益之间的矛盾。采用有 N 副天线的天线阵，它们的方向性可以覆盖一定宽度的地域。当流星出现时，提取接收信号中的方向信息，然后调整天线阵方向，对准出现的余迹。这种天线阵在实现流星余迹军用车辆通信以及话音通信中起了很大作用。

在移动流星余迹通信网中，目前采用有自适应调谐的高增益环形天线。这种天线的方位角基本上是全方向性的，可以做得很小且结实可靠。

第四章　地面波传播

第一节　地球表面电特性

地球形似一略扁的球体，平均半径为 6 370 km。根据地震波的传播证明，地球从里到外可分为地核、地幔和地壳三层，如图 4－1－1 所示。表层 70～80 km 厚的坚硬部分，称为地壳，地壳各处的厚度不同，海洋下面较薄，最薄处约 5 km，陆地处的地壳较厚，总体的平均厚度约 33 km。

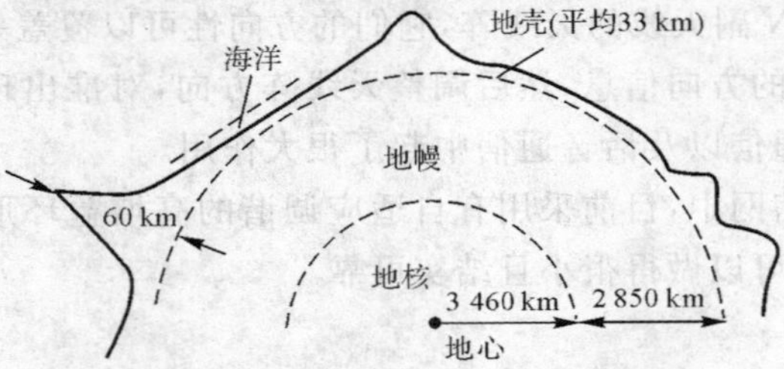

图 4－1－1　地球结构示意图

地壳的表面是电导率较大的冲积层。由于地球内部作用（如地壳运动、火山爆发等），以及外部的风化作用，使得地球表面形成高山、深谷、江河、平原等地形地貌，再加上人为所创建的城镇田野等，这些不同的地质结构及地形地物，在一定程度上影响着无线电波的传播。由于地面波是沿着空气与大地交界面传播的，因此传播情况主要取决于地面条件。概括地说，地面对电波传播的影响主要表现为两个方面：

一是地面的不平坦性，当地面起伏不平的程度相对于电波波长来说很小时，地面可近似看成是光滑地面。对于长波和中波传播，除高山外均可视地面为平坦的。

二是地质的情况，主要研究它的电磁特性。描述大地电磁特性的主要参数是介电常数 ε（或相对介电常数 ε_r）、电导率 σ 和磁导率 μ。根据实际测量，绝大多数地质（磁性体除外）的磁导率都近似等于真空中的磁导率 μ_0，表 4－1－1 给出了几种不同地质的电参数。

表 4－1－1　地面的电参数

地面类型	ε_r		$\sigma/(S\cdot m^{-1})$	
	平均值	变化范围	平均值	变化范围
海水	80	80	4	0.66～6.6
淡水	80	80	10^{-3}	$10^{-3}\sim2.4\times10^{-2}$
湿土	20	10～30	10^{-2}	$3\times10^{-3}\sim3\times10^{-2}$
干土	4	2～6	10^{-3}	$1.1\times10^{-5}\sim2\times10^{-3}$

为了既反映媒质的介电性 ε_r，又反映媒质的导电性 σ，可采用相对复介电常数

$$\tilde{\varepsilon}_r = \varepsilon_r - j\frac{\sigma}{\omega\varepsilon_0} = \varepsilon_r - j60\lambda\sigma \tag{4-1-1}$$

式中，$\varepsilon_0 = 1/(36\pi)\times 10^{-9}$ F/m；λ 是自由空间波长。

怎样判断某种地质是呈现导电性还是介电性呢？通常把传导电流密度 J_f 与位移电流密度 J_D 之比

$$\frac{J_f}{J_D} = \frac{\sigma}{\omega\varepsilon_0\varepsilon_r} = \frac{60\lambda\sigma}{\varepsilon_r} \tag{4-1-2}$$

作为衡量标准。当传导电流比位移电流大得多，即 $60\lambda\sigma/\varepsilon_r \gg 1$ 时，大地具有良导体性质；反之，当位移电流比传导电流大得多，即 $60\lambda\sigma/\varepsilon_r \ll 1$ 时，可将大地视为电介质；而二者相差不大时，称为半电介质。表 4-1-2 给出了各种地质中 $60\lambda\sigma/\varepsilon_r$ 随频率的变化情况。

表 4-1-2　各种地质的 $60\lambda\sigma/\varepsilon_r$ 值

地质 \ $60\sigma/\varepsilon_r$ \ 频率	300 MHz	30 MHz	3 MHz	300 kHz	30 kHz	3 kHz
海水($\varepsilon_r = 80, \sigma = 4$)	3	3×10	3×10^2	3×10^3	3×10^4	3×10^5
湿土($\varepsilon_r = 20, \sigma = 10^{-2}$)	3×10^{-2}	3×10^{-1}	3	3×10^1	3×10^2	$\times10^3$
干土($\varepsilon_r = 4, \sigma = 10^{-3}$)	1.5×10^{-2}	1.5×10^{-1}	1.5	1.5×10^1	1.5×10^2	1.5×10^3
岩石($\varepsilon_r = 6, \sigma = 10^{-7}$)	10^{-6}	10^{-5}	10^{-4}	10^{-3}	10^{-2}	10^{-1}

由表(4-1-2)可见，对海水来说，在中、长波波段它是良导体，只有到微波波段才呈现介质性质；湿土和干土在长波波段呈良导体性质，在短波以上就呈现介质性质；而岩石则几乎在整个无线电波段都呈现介质性质。

第二节　地面波的传播特性

当天线设置在紧靠地面上时，天线辐射的电波是沿着半导电性质和起伏不平的地表面进行传播的。由于地表面的半导电性质，一方面使电波的场结构不同于自由空间传播的情况而发生变化并引起电波吸收；另一方面使电波不像在均匀媒质中那样以一定的速度沿着直线路径传播，而是由于地球表面呈现球形使电波传播的路径按绕射的方式进行。由于只有当波长超过障碍物高度或与其相当时，才具有绕射作用，因此在实际情况中，只有长波、中波以及短波低端（频率较低的部分）能够绕射到地表面较远的地方。对于短波高端以及超短波波段，由于障碍物高度大于波长，因而绕射能力很弱。

地面波传播还与电波的极化有关，理论计算和实验均证明地面波不宜采用水平极化波传播。图 4-2-1 给出了一组计算曲线，图中横坐标为传播距离 r，由图可见，水平极化波的衰减因子 A_h 远大于垂直极化波的衰减因子 A_v。这是因为，当电场为水平极化时，电场平行地面，传播中在地面上引起较大的感应电流，致使电波产生很大的衰减。

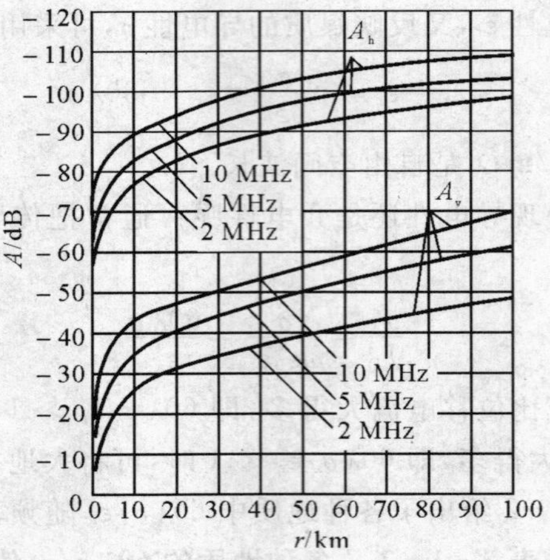

图 4-2-1　地面波传播与电波的极化的关系

对于垂直极化波(通常由直立天线辐射)，其电波能量同样要被吸收，但由于电场方向与地面垂直，它在地面上产生的感应电流远比水平极化波的要小，故地面吸收小。因此在地面波传播中通常多采用垂直极化波。

一、波前倾斜现象

地面波传播的重要特点之一是存在波前倾斜现象。波前倾斜现象是指由于地面损耗造成电场向传播方向倾斜的一种现象，如图 4-2-2 所示。波前倾斜现象可作如下解释。

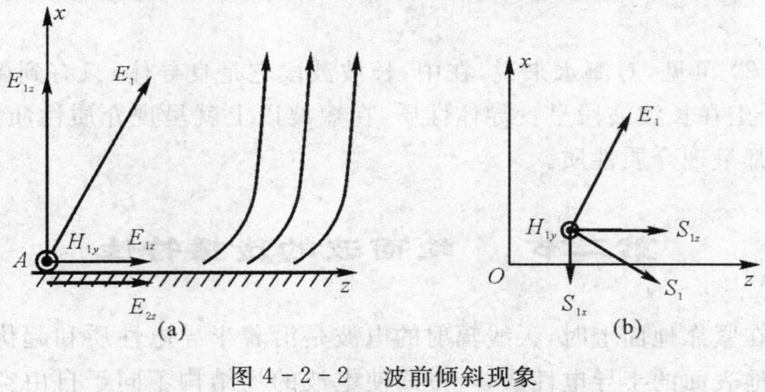

图 4-2-2　波前倾斜现象

(a) 电场方向；(b) 坡印廷矢量方向

设有一直立天线沿垂直地面的 x 轴放置，辐射垂直极化波，电波能量沿 z 轴方向即沿地表面传播，其辐射电磁场为 E_{1x} 和 H_{1y}，如图 4-2-2(a) 所示。当某一瞬间 E_{1x} 位于 A 点时，在地面上必然会感应出电荷。当波向前传播时，便产生了沿 z 方向的感应电流，由于大地是半导电媒质，有一定的地电阻，故在 z 方向产生电压降，也即在 z 方向产生新水平分量 E_{2z}。由于边界电场切向分量连续，即存在 E_{1z}，这样靠近地面的合成场 E_1 就向传播方向倾斜。从能量的角度看，由于地面是半导电媒质，电波沿地面传播时产生衰减，这就意味着有一部分电磁能量由空气层进入大地内。坡印廷矢量的方向不再平行于地面而发生倾斜，如图 4-2-2(b) 所示，出现了垂直于地面向地下传播的功率流密度 S_{1x}，这一部分电磁能量被大地所吸收。由电磁场理论可知，坡印廷矢量是与等相位面即波前垂直的，故当存在地面吸收时，在地面附近的波前将向传播方向倾斜。显然，地面吸收越大，S_{1x} 越大，倾斜将越严重。只有沿地面传播的 S_{1z} 分量才是有用的。

二、地面波传播的场分量

由上面的分析可知，由于地面是半导电媒质，低架直立天线辐射的垂直极化波将在传播方向上存在电场分量，各分量如图 4-2-3 所示，yOz 面为地平面，波沿 z 轴方向传播，下标"1"表示在空气内，下标"2"表示在大地内，利用边界条件，有

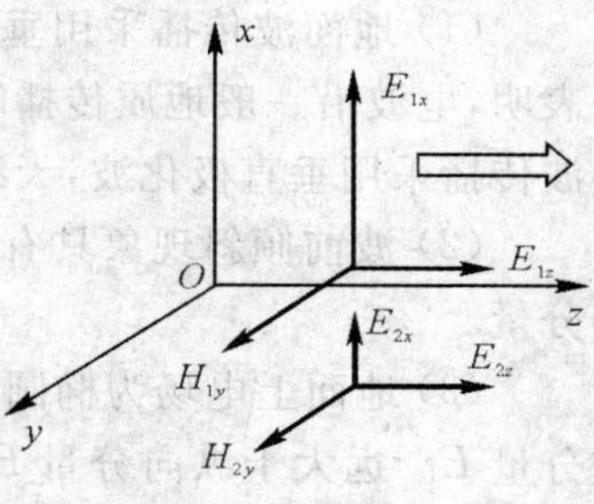

图 4-2-3 电场分量

$$\left.\begin{aligned} E_{1z} &= E_{2z} \\ H_{1y} &= H_{2y} \\ E_{1x} &= \tilde{\varepsilon} E_{2x} \\ B_{1x} &= B_{2x} = 0 \end{aligned}\right\} \tag{4-2-1}$$

为简化分析，通常使用 M. A. 列翁托维奇近似边界条件：若半导电媒质相对复介电常数的绝对值满足下列条件：

$$|\tilde{\varepsilon}_r| = |\varepsilon_r - j60\lambda\sigma| \gg 1 \tag{4-2-2}$$

则在界面大地一侧的电、磁场水平分量之间满足

$$\frac{E_{2z}}{H_{2y}} \approx \sqrt{\frac{\mu_0}{\varepsilon_0 \tilde{\varepsilon}_r}} \tag{4-2-3}$$

利用边界条件，式(4-2-3)可写成

$$\frac{E_{1z}}{H_{1y}} \approx \sqrt{\frac{\mu_0}{\varepsilon_0 \tilde{\varepsilon}_r}} \tag{4-2-4}$$

因为在空气中有下列关系：

$$\frac{E_{1x}}{H_{1y}} \approx \sqrt{\frac{\mu_0}{\varepsilon_0}} \tag{4-2-5}$$

上两式相除，可得

$$E_{1z} = \frac{E_{1x}}{\sqrt{\tilde{\varepsilon}_r}} = \frac{E_{1x}}{\sqrt{\varepsilon_r - j60\lambda\sigma}} \tag{4-2-6}$$

根据边界条件式(4-2-1)，得

$$E_{2x} = \frac{E_{1x}}{\tilde{\varepsilon}_r} = \frac{E_{1x}}{\varepsilon_r - j60\lambda\sigma} \tag{4-2-7}$$

上述各分量亦可写成

$$\left.\begin{aligned} E_{1z} &= E_{2z} = \frac{E_{1x}}{\sqrt[4]{\varepsilon_r^2 + (60\lambda\sigma)^2}} e^{j\frac{\phi}{2}} \\ E_{2x} &= \frac{E_{1x}}{\sqrt{\varepsilon_r^2 + (60\lambda\sigma)^2}} e^{j\phi} \\ H_{1y} &= H_{2y} \approx \frac{E_{1x}}{120\pi} \end{aligned}\right\} \tag{4-2-8}$$

式中，$\phi = \arctan \frac{60\lambda\sigma}{\varepsilon_r}$。

三、地面波传播特性

根据前面的讨论，可以得出地面波传播的一些重要特性。

(1) 地面波传播采用垂直极化波。地面波的传播损耗与波的极化形式有很大关系，计算表明，电波沿一般地质传播时，水平极化波比垂直极化波的传播损耗要高数十分贝。因此地面波传播采用垂直极化波，天线则多采用直立天线的形式。

(2) 波前倾斜现象具有很大的实用意义。可以采用相应形式的天线，有效地接收各场强分量。

(3) 地面上电场为椭圆极化波，如图 4-2-4 所示，这是由于紧贴地面大气一侧的电场横向分量 E_{1x} 远大于纵向分量 E_{1z}，且相位不等，合成场为一狭长椭圆极化波。在短波、超短波段 E_{1z} 虽较大，但相位差趋于零，所以可近似认为电场是与椭圆长轴方向一致的线极化波。图 4-2-4 中波前倾斜角为 $\Psi = \arctan\sqrt{\varepsilon_r^2 + (60\lambda\sigma)^2}$。

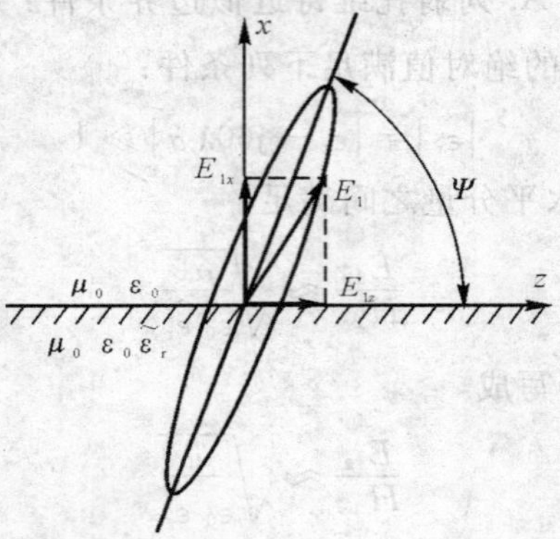

图 4-2-4 椭圆极化波的波前倾斜

(4) 地面波在传播过程中有衰减。地面波沿地表传播时，由于大地是半导电媒质，对电波能量的吸收产生了电场纵向分量 E_{1z}，相应地沿 $-x$ 方向传播的功率流密度代表着电波的传输损耗。地面电导率越大，频率越低，地面对电波的吸收越小。因此地面波传播方式特别适用于长波、超长波波段。

(5) 传播较稳定。这是由于大地的电特性、地貌地物等不会随时改变，并且地面波基本上不受气候条件的影响，故地面波传播信号稳定。

(6) 有绕射损耗。障碍物越高，波长越短，则绕射损耗越大。长波绕射能力最强，中波次之，短波较弱，而超短波绕射能力最弱。

第三节 地面波场强的计算

地面波传播过程中存在地面吸收损耗，当传播距离较远，超出千米时，还必须考虑球面地造成的绕射损耗。一般计算 E_{1x} 有效值的表达式为

$$E_{1x}=\frac{173\sqrt{P_r(\text{kW})D}}{r(\text{km})}A \quad (\text{mV/m}) \tag{4-3-1}$$

式中，A 为地面的衰减因子；P_r 为辐射功率；D 为方向系数；r 为传播距离。地面衰减因子 A 的严格计算是非常复杂的。

从工程应用的观点，本节介绍国际无线电咨询委员会(CCIR)推荐的一组曲线，现摘录其中部分内容，如图4-3-1～图4-3-3所示，称为布雷默(Bremmer)计算曲线，用以计算 E_{1x}。其使用条件是：

(1) 假设地面是光滑的，地质是均匀的；

(2) 发射天线使用短于 $\lambda/4$ 的直立天线(其方向系数 $D\approx3$)，辐射功率 $P_r=1$ kW；

(3) 计算的是 E_{1x} 的有效值。

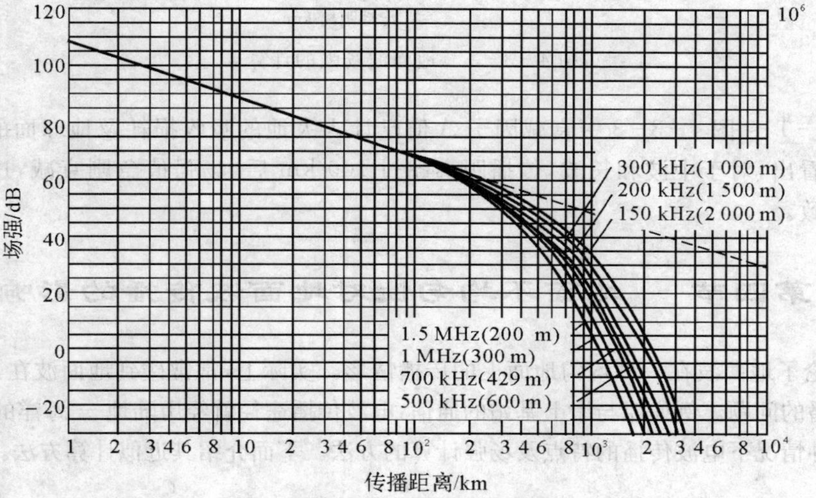

图 4-3-1 地面波场强的计算 1

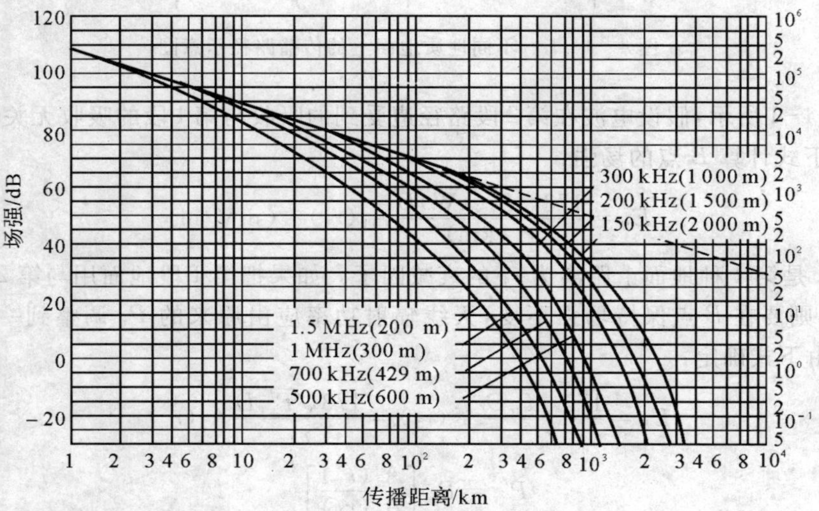

图 4-3-2 地面波场强的计算 2

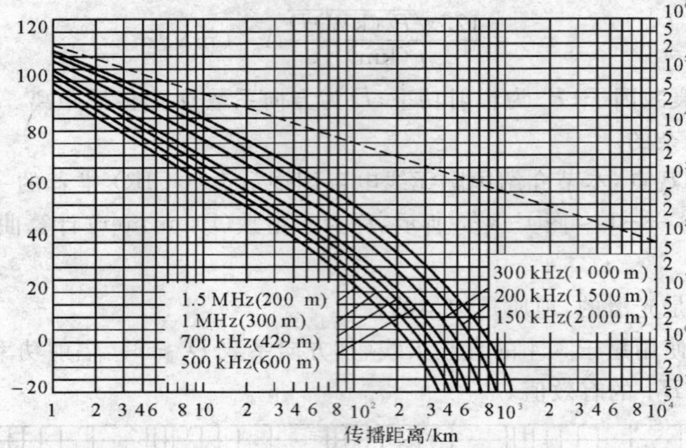

图 4－3－3　地面波场强的计算 3

图 4－3－1 ～ 图 4－3－3 中衰减因子 A 值已计入大地的吸收损耗及地球面的绕射损耗。从图中可以看出，对于中波和长波，传播距离超过 100 km 后，场强值急剧衰减，这主要是绕射损耗增大所致。

第四节　地面不均匀性对地面波传播的影响

前面讨论了地面波在一种均匀地面上的传播情形。实际上，常常碰到地面波在几种不同性质的地面上传播的问题。例如船与岸上基站的通信，电波传播途径就经历陆地－海洋的突变。因此，必须考虑这种情况下电波传播的特点及场强计算的方法。下面介绍其近似计算方法。

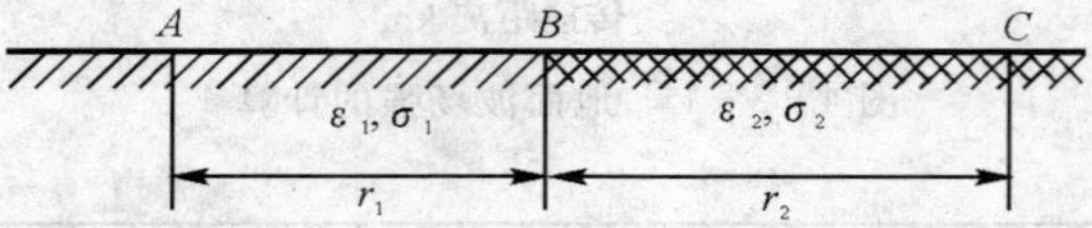

图 4－4－1　不同性质地面上的传播路径示意图

如图 4－4－1 所示，假设电波在第 2 段路径遭受到的吸收与第 1 段的吸收无关，可以分段计算。首先按下式计算 B 点的场强：

$$E_B = \frac{173\sqrt{P_r(\text{kW})D}}{r_1(\text{km})}A_1(r_1) \quad (\text{mV/m}) \tag{4-4-1}$$

式中，$A_1(r_1)$ 是第 1 种地面上距离为 r_1 的衰减因子。如果把第 1 段地面用与第 2 段性质相同的地面代替，则要在 B 点保持场强不变，天线辐射功率应由原来的 P_r 调整到一个新的数值 P'_r，其大小由下式确定：

$$E_B = \frac{173\sqrt{P_r D}}{r_1}A_1(r_1) = \frac{173\sqrt{P'_r D}}{r_1}A_2(r_1) \tag{4-4-2}$$

$$P'_r = P_r\left[\frac{A_1(r_1)}{A_2(r_1)}\right]^2 \tag{4-4-3}$$

式中，$A_2(r_1)$ 是地质为 ε_2，σ_2，距离为 r_1 的衰减因子。现在，辐射功率 P'_r 在完全是第 2 种地质情况下传播至 C 点的场强就被认为是原来的数值，因而可求得图 4－4－1 中 C 点的场强为

$$E_C = \frac{173\sqrt{P'_r(\mathrm{kW})D}}{(r_1+r_2)(\mathrm{kW})}A_2(r_1+r_2) = \frac{173\sqrt{P_r(\mathrm{kW})D}}{(r_1+r_2)(\mathrm{kW})}\frac{A_1(r_1)A_2(r_1+r_2)}{A_2(r_1)} =$$

$$E_1(r_1)\frac{E_2(r_1+r_2)}{E_2(r_1)} \quad (\mathrm{mV/m}) \tag{4-4-4}$$

式中，$E_1(r_1)$是电波在第1种媒质传播r_1距离后的场强；$E_2(r_1)$是以第2种媒质代替第1种媒质传播r_1距离后的场强；$E_2(r_1+r_2)$是以第2种媒质代替第1种媒质传播r_1+r_2距离后的场强。因为地面波所经过的几种性质的地面彼此间互有影响，而不能彼此孤立起来予以考虑，所以用以上方法计算出来的结果不满足互易原理，即发射天线在A点时计算出C点的场强E_{AC}与发射天线在C点时计算出A点的场强E_{CA}不等。这是这一方法的假设前提不全面的必然结果。

为了补救这一缺点，密林顿(Millington)提出取两者的几何平均作为近似解，即接收点场强为

$$E=\sqrt{E_{AC}E_{CA}} \tag{4-4-5}$$

用上述方法计算场强虽然不严格，但方法简便，结果符合工程要求，因此应用很广。上述方法可以推广到多种不同电参数组成的混合路径的传播。

对电波在不同性质地面上的传播进行计算，所得结果对于合理选择收发两点的地质情况具有重要意义。例如，在图4-4-2所示的条件下，地面波从A点出发，经混合路径到达B点，可算出衰减因子如图4-4-3所示。由图可见，虽然总的路径是相等的，但“海洋－干土－海洋”的路径损耗小于“干土－海洋－干土”的路径损耗。这说明地面波路径的各段起的作用不相同，邻近发射天线和接收天线的地区，对地面波的吸收起决定性的作用，而路径中段的地质情况对整个路径衰减的影响不如两端大。

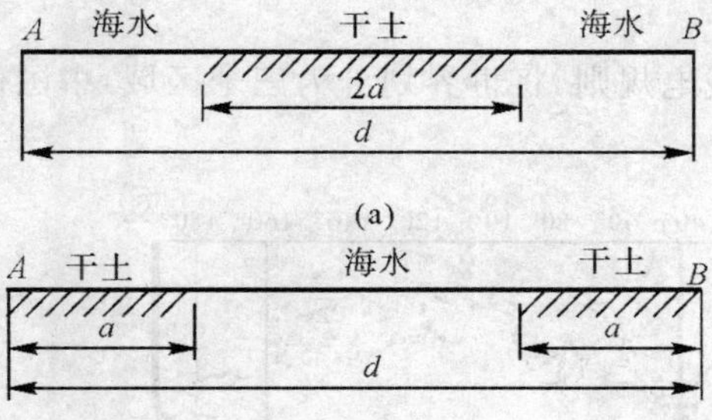

图4-4-2　三段不同性质地面传播示意图

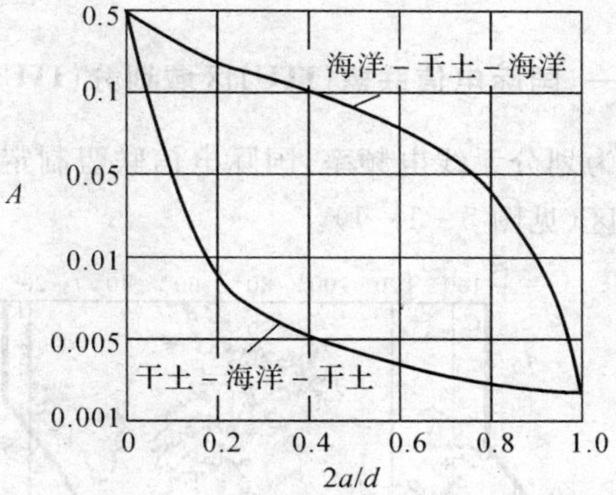

图4-4-3　三段不同性质地面传播的衰减因子

可以把地面波的传播过程和飞机的飞行相比拟，好像电波是从发射天线地区起飞，在离开地表面一定高度上向接收天线方向飞行，然后在到达接收天线的区域降落。只有在起飞和降落时，地面对飞机才起作用。这种现象称为地面波的“起飞-着陆”效应，图4-4-4所示为地面波传播时的想象图像。因此在实际工作中适当选择发射、接收天线附近的地质是很重要的。

图4-4-4　地面波传播的“起飞-着陆”效应

第五章　频率划分与电磁监测

电磁环境通常是指在某一特定空间范围内，能够对用频设备或系统产生一定影响的电磁信号或介质的总和。它由人为电磁环境和自然电磁环境所构成。对电磁环境及其特点、规律研究探索，主要目的就是为了使用频设备或系统能在复杂的电磁环境中正常运行。这既是设置使用各种用频设备首先要考虑的问题，也是实施电磁频谱管理的基础。合理地分配无线电频率是实现频谱管理的重要前提。无线电频率划分（allocation）将某个特定的频带列入频率划分表，规定该频带可在指定的条件下供一种或多种地面或空间无线电通信业务或射电天文业务使用。无线电频率分配（allotment）将无线电频率或频道规定由一个或多个部门，在指定的区域内供地面或空间无线电通信业务在指定条件下使用。无线电频率指配（assignment）将无线电频率或频道批准给无线电台在规定条件下使用。

第一节　无线电频率划分

一、国际电信联盟（ITU）区域划分（ITU Regions and areas）

为划分无线电频率，国际电信联盟制定的《无线电规则》将世界划分为三个区域，中国位于第三区（见图 5－1－1）。

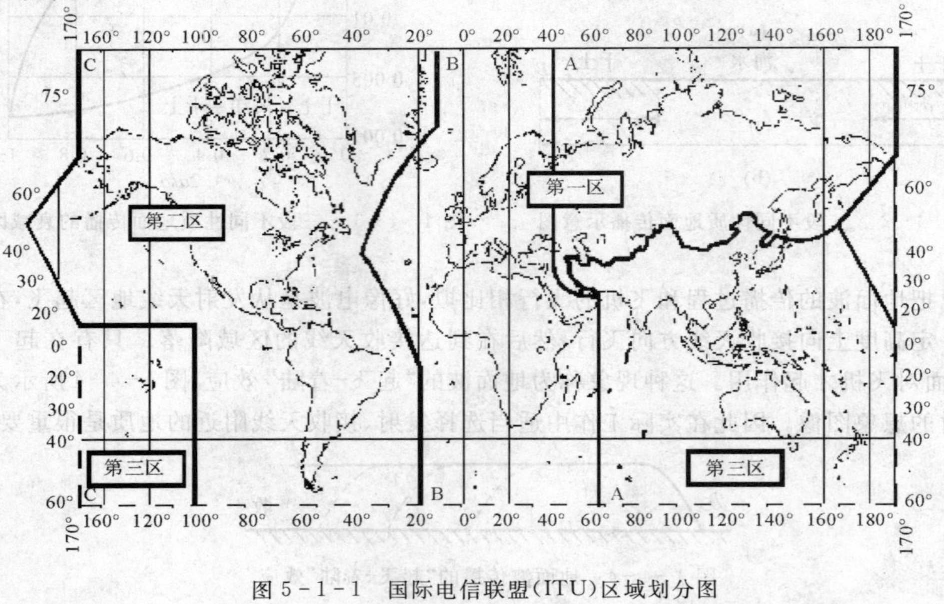

图 5－1－1　国际电信联盟（ITU）区域划分图

第一区包括东限于A线(A,B,C线定义于后)和西限于B线所划定的地区,但位于两线之间的任何伊朗伊斯兰共和国领土除外。该区亦包括亚美尼亚、阿塞拜疆、格鲁吉亚、哈萨克斯坦、蒙古、乌兹别克斯坦、吉尔吉斯斯坦、俄罗斯、塔吉克斯坦、土库曼斯坦、土耳其和乌克兰的整个领土以及位于A,C两线间俄罗斯以北的地区。

第二区包括东限于B线和西限于C线之间的地区。

第三区包括东限于C线和西限于A线之间所划定的地区,但亚美尼亚、阿塞拜疆、格鲁吉亚、哈萨克斯坦、蒙古、乌兹别克斯坦、吉尔吉斯斯坦、俄罗斯、塔吉克斯坦、土库曼斯坦、土耳其和乌克兰的任何领土部分和俄罗斯以北的地区除外。本区亦包括伊朗伊斯兰共和国位于两限以外的那部分领土。

在同一个区域内的两个或多个国家组成的区域称为子区域。

A线由北极沿格林尼治以东40°子午线至北纬40°线,然后沿大圆弧至东60°子午线与北回归线的交叉点,再沿东60°子午线而至南极。

B线由北极沿格林尼治以西10°子午线至该子午线与北纬72°线的交叉点,然后沿大圆弧至西50°子午线与北纬40°线的交叉点,然后沿大圆弧至西20°子午线与南纬10°线的交叉点,再沿西20°子午线而至南极。

C线由北极沿大圆弧至北纬65°30′线与白令海峡国际分界线的交叉点,然后沿大圆弧至格林尼治以东165°子午线与北纬50°线的交叉点,再沿大圆弧至西170°子午线与北纬10°线的交叉点,再沿北纬10°线至它与西120°子午线的交叉点,然后由此沿西120°子午线而至南极。

二、无线电频率划分表

频率划分,是将电磁频谱分割为若干频段,再将每一频段指定给一种或多种无线电业务在规定条件下使用的活动。频率划分主要根据各频段电波的传播特性、各种业务的要求、无线电技术的发展水平以及各国的具体情况,由具有行政权力的大会讨论确定。国际、国家无线电管理机构分别组织不同范围的频率划分。频率划分的结果,以频率划分表的形式进行发布,具有法规效力,是频率规划、频率分配、频率指配的依据。

国家无线电频率划分,是在遵循国际上无线电频率划分规定的基础上,依据我国无线电业务应用状况和无线电技术发展水平进行的。我国现行无线电频率划分的法规性文件,是中华人民共和国信息产业部和中国人民解放军总参谋部于2006年4月共同颁发的《中华人民共和国无线电频率划分规定》。此外,各无线电应用专业还需制定各自的频率划分表。如表5-1-1所示的广播及电视频率划分表。

表5-1-1　广播及电视频率划分表

波段	频率	电台间隔	用途
LF(LW)	120～300 kHz		长波调幅广播
MF(AM)	525～1 605 kHz	9 kHz	中波调幅广播
HF(SW)	3.5～29.7 MHz	9 kHz	短波调幅广播及单边带通信
VHF(FM)	88～108 MHz	150 kHz	调频广播及数据广播
VHF	48.5～92 MHz	8 MHz	电视及数据广播

续 表

波段	频率	电台间隔	用途
VHF	167～223 MHz	8 MHz	电视及数据广播
UHF	223～443 MHz	8 MHz	电视及数据广播
UHF	443～870 MHz	8 MHz	电视及数据广播

第二节　短波频带中的各种信号

短波频段具有以下几个特点：信号密度大；同一个信道有时会有好几个信号同时存在；同一个信号可能会用不同的频率同时发送（同信号异频同播）；同一个频率同一个内容会在不同地方同时播出（同频异地同播）；两个不同地方的固定电台利用短波通信（天波）在白天和晚上、夏天和冬天需要用不同的频率才能正常通联。

一、短波的具体通信业务

短波的具体通信业务，从电台的具体业务种类来分，有广播业务、固定业务、移动业务、水上移动业务、航空移动业务、业余业务等。

表 5－2－1 无线电频率划分表　　单位：kHz

<table>
<tr><th colspan="3">中华人民共和国无线电频率划分</th><th rowspan="2">国际电联第三区无线电频率划分</th></tr>
<tr><th>中国内地</th><th>中国香港</th><th>中国澳门</th></tr>
<tr><td>10 150～11 175
固定[移动(航空移动(R)除外)]
CHN4　CHN5</td><td>10 150～11 175
固定</td><td>10 150～11 175
固定
[移动(航空移动(R)除外)]</td><td>10 150～11 175
固定
[移动(航空移动(R)除外)]</td></tr>
<tr><td>11 175～11 275
航空移动(OR)</td><td rowspan="2">11 175～11 400
航空移动</td><td>11 175～11 275
航空移动(OR)</td><td>11 175～11 275
航空移动(OR)</td></tr>
<tr><td>11 275～11 400
航空移动(R)</td><td>11 275～11 400
航空移动(R)</td><td>11 275～11 400
航空移动(R)</td></tr>
<tr><td>11 400～11 600
固定
陆地移动
CHN4</td><td rowspan="2">11 400～11 650
固定</td><td>11 400～11 600
固定</td><td>11 400～11 600
固定</td></tr>
<tr><td>11 600～11 650
广播　5.134　CHN6
固定</td><td rowspan="2">11 600～12 100
广播</td><td>11 600～11 650
广播 5.134
5.146</td></tr>
<tr><td>11 650～12 050
广播
[固定]
5.147</td><td>11 650～12 050
广播</td><td>11 650～12 050
广播
5.147</td></tr>
</table>

续 表

<table>
<tr><th colspan="3">中华人民共和国无线电频率划分</th><th rowspan="2">国际电联第三区无线电频率划分</th></tr>
<tr><th>中国内地</th><th>中国香港</th><th>中国澳门</th></tr>
<tr><td>12 050～12 100
广播 5.134 CHN6
固定
CHN4</td><td rowspan="2">12 050～12 230
固定</td><td></td><td>12 050～12 100
广播 5.134
5.146</td></tr>
<tr><td>12 100～12 230
固定
[陆地移动]
CHN4</td><td>12 100～12 230
固定</td><td>12 100～12 230
固定</td></tr>
</table>

(1)广播业务:供公众直接接收而进行发射的无线电通信业务,包括声音的发射、电视信号的发射或其他方式的发射。

(2)固定业务:特定的固定点之间的无线电通信,是无线电主要业务种类业务。

(3)移动业务:移动电台与陆地电台之间或各移动电台之间的无线电通信业务。

(4)水上移动业务:海岸电台之间与船舶电台之间、船舶电台之间,或相关的船上通信电台之间的一种移动通信业务;营救器电台和应急示位无线电信标电台也可参与此种业务。

(5)航空移动业务:在航空电台和航空器电台之间或各航空器电台之间的一种移动通信业务。营救器发信机可参与此种业务,应急示位无线电信标电台在指定的遇险与应急频率上也可参与此种业务。

(6)业余业务:供业余无线电爱好者进行自我训练、相互通信和技术研究的无线电通信业务。业余无线电爱好者是指经正式批准的、对无线电技术有兴趣的人,其兴趣纯系个人爱好而不涉及谋求利润。

二、短波各频段的功能

(1)短波通信实际使用的频率范围:1.6～30 MHz。

(2)短波通信频率功能划分:

1 600～1 800 kHz:主要是些灯塔和导航信号,用来给渔船和海上油井勘探的定位信号。

1 800～2 000 kHz:160 m 的业余无线电波段,在秋冬季节的夜晚有最好的接收效果。

2 000～2 300 kHz:此波段用于海事通信,其中 2 182 kHz 保留为紧急救难频率。

2 300～2 498 kHz:120 m 的广播波段。

2 498～2 850 kHz:此波段有很多海事电台。

2 850～3 150 kHz:主要是航空电台使用。

3 150～3 200 kHz:分配给固定台。

3 200～3 400 kHz:90 m 的广播波段,主要是一些热带地区的电台使用。

3 400～3 500 kHz:用于航空通信。

3 500～4 000 kHz:80 m 的业余无线电波段。

4 000～4 063 kHz:固定电台波段。

4 063～4 438 kHz:用于海事通信。

4 438～4 650 kHz:用于固定台和移动台的通信。

4 750～4 995 kHz:60 m 的广播波段,主要由热带地区的一些电台使用。最好的接收时间是秋冬季节的傍晚和夜晚。

4 995～5 005 kHz:有国际性的标准时间频率发播台。可在 5 000 kHz 听到。

5 005～5 450 kHz:此频段非常混乱,低端有些广播电台,还有固定台和移动台。

5 450～5 730 kHz:航空波段。

5 730～5 950 kHz:此波段被某些固定台占用,这里也可以找到几个广播电台。

5 950～6 200 kHz:49 m 的广播波段。

6 200～6 525 kHz:非常拥挤的海事通信波段。

6 525～6 765 kHz:航空通信波段。

6 765～7 000 kHz:由固定台使用。

7 000～7 300 kHz:全世界的业余无线电波段,偶尔有些广播也会在这里出现。

7 300～8 195 kHz:主要由固定台使用,也有些广播电台在这里播音。

8 195～8 815 kHz:海事通信频段。

8 815～9 040 kHz:航空通信波段,还可以听到一些航空气象预报电台。

9 040～9 500 kHz:固定电台使用,也有些国际广播电台的信号。

9 500～9 900 kHz:31 m 的国际广播波段。

9 900～9 995 kHz:有些国际广播电台和固定台使用。

9 995～10 005 kHz:标准时间标准频率发播台。可在 10 000 kHz 听到。

10 005～10 100 kHz:用于航空通信。

10 100～10 150 kHz:30 m 的业余无线电波段。

10 150～11 175 kHz:固定台使用这个频段。

11 175～11 400 kHz:用于航空通信。

11 400～11 650 kHz:主要是固定电台使用,但是也有些国际广播电台的信号。

11 650～11 975 kHz:25 m 的国际广播波段,整天可以听到有电台播音。

11 975～12 330 kHz:主要是由一些固定电台使用,但是也有些国际广播电台的信号。

12 330～13 200 kHz:繁忙的海事通信波段。

13 200～13 360 kHz:航空通信波段。

13 360～13 600 kHz:主要是由一些固定电台使用。

13 600～13 800 kHz:22 m 的国际广播波段。

13 800～14 000 kHz:由固定台使用。

14 000～14 350 kHz:20 m 的业余无线电波段。

14 350～14 490 kHz:主要是由一些固定电台使用。

14 990～15 010 kHz:标准时间标准频率发播台。可在 15 000 kHz 听到。

15 010～15 100 kHz:用于航空通信,也可以找到一些国际广播电台。

15 100～15 600 kHz:19 m 的国际广播波段,整天可以听到有电台播音。

15 600～16 460 kHz:主要是由固定电台使用。

16 460～17 360 kHz:由海事电台和固定电台共享。

17 360～17 550 kHz：由航空电台和固定电台共享。

17 550～17 900 kHz：16 m 的国际广播波段，最佳的接收时间是在白天。

17 900～18 030 kHz：用于航空通信。

18 030～18 068 kHz：主要是由固定电台使用。

18 068～18 168 kHz：17 m 的业余无线电波段。

18 168～19 990 kHz：用于固定电台，也可以找到一些海事电台。

19 990～20 010 kHz：标准时间标准频率发播台，可在 20 000 kHz 听到，接收的最佳时间是在白天。

20 010～21 000 kHz：主要用于固定台，也有些航空电台。

21 000～21 450 kHz：15 m 的业余无线电波段。

21 450～21 850 kHz：13 m 的国际广播波段，最佳的接收时间是在白天。

21 850～22 000 kHz：由航空电台和固定电台共享。

22 000～22 855 kHz：主要是由一些海事电台使用。

22 855～23 200 kHz：主要是由一些固定电台使用。

23 200～23 350 kHz：由航空台使用。

23 350～24 890 kHz：主要是由一些固定电台使用。

24 890～24 990 kHz：12 m 的业余无线电波段。

24 990～25 010 kHz：用于标准时间标准频率发播台，目前还没有电台在这个频段上操作。

25 010～25 550 kHz：用于固定、移动、海事电台。

25 550～25 670 kHz：此频段保留给天文广播，目前还没有电台。

25 670～26 100 kHz：13 m 的国际广播波段。

26 100～28 000 kHz：用于固定、移动、海事电台。

28 000～29 700 kHz：10 m 的业余无线电波段。

29 700～30 000 kHz：固定和移动台使用此波段。

三、短波通信信号特点

1. 短波广播电台

一般人使用短波收音机，大都是用来收听各国的广播电台节目。但因为受电离层及地球表面各项因素的影响，其音质是无法和 88～108 MHz 的调频广播相比，且掺杂了很多的噪声，许多人往往无法接受这种广播质量。

2. 民用无线电

CB(Citizen Band)，民用无线电波段。其使用方式有许多限制，依各国家而不同。CB 最主要的目的是让人们能够轻易享用无线电的资源及效益，并普及大众对无线电的知识，进而提升无线电的研究与技术的发展。在国外，CB 不仅频率范围涵盖广，调变方式也无限制，其功率更可使用 1 000 W，全民的使用率相当频繁，有些甚至组成了许多组织，如较著名的意大利 α－τ Group，会员分布于全世界，会员有好几万人，并定时举行聚会、活动、比赛、年会等。

α－τ Group 将全世界的国家和地区岛屿以数字来区分，国家编号后加上 AT，再加上电台编号，即为个人完整呼号。若要取得电台呼号，需要经过 α－τ Group 总会认证才有效。

3.业余无线电

从各种传播媒体中，常常可听到“火腿族”“香肠族”等名词，其实它就是业余无线电玩家的代名词，只是火腿(HAM)是指领有执照的玩家，而香肠则是无照的一群。业余无线电是一种良好的个人嗜好，使用者必须具有无线电知识或具有高度的热忱，先经过国家考试，取得操作执照，再经过架设电台审核，才可顺利成立电台。这种电台和一般广播电台不同，既不广播节目也不具商业行为，纯粹借电波传递，与世界各地互通信息，相互交谊，从而达到“天涯若比邻，海内存知己”的目的。

目前全世界约有200万座业余电台，其中以日本70万余座及美国60万余座为最多。业余无线电也有一个国际性的组织，国际业余无线电联盟IARU，位于巴黎，是一个世界性民间组织。IARU把全世界每一个国家地区，给予一个英文呼号，如日本为JA，美国为W的火腿族收到信号后，从呼号前的英文判断，即可知信号来自哪个国家地区。在短波中，业余无线电相当活跃，唯有在此频带中，火腿族才有可能与世界各国互通信息，因为只有使用短波，才能通过电离层反射，而将信号传至遥远的国度。

4.指针台

在某些时刻，想要了解短波电波是否传播良好，可从收听外国广播电台来判断，从收听的音质好坏及信号强弱，便可大略判断出，但由于这些广播电台，都是使用500 W以上，甚至几千瓦的功率输出，除非电离层条件相当恶劣，不然几乎都收听得到广播信号。若要更精确地判断电离层状况及各地区的信号状况，可选用指针台来作为依据。许多波段上，都有不少的指针台，其中14 100 kHz指针台是一个很好的参考依据。这个指针台分布在世界8个地方，这些指针台轮流以100 W，10 W，1 W，0.1 W，每天24 h发送指针信号。

5.CW

在短波中，经常听到连续的滴答声，这些信号大多是CW (Continuous Wave)的信号，也可能是RTTY，SSTV，FAX等信号，除非用户学过CW专用码或使用译码设备，否则是很难解读出其滴答声所代表的信息。CW是非常古老且广泛使用于短波中的通信方式，它具有简单及容易辨认的特性。简单的电路构造，极低的小功率输出，即可将信号完整地传送至世界各地。

目前CW最常用的码是莫尔斯码，每个英文字母、数字、常用符号，皆用滴答声来表示，只要学会这些码，并练到一定的速度，大约是每分钟65个英文字母，便能使用电键，借着CW的方式，与世界各地互通信息。

6.SSTV

SSTV(Slow Scan Television)慢速扫描电视，在短波14.230 MHz及14.233 MHz频带，每天均有非常频繁的SSTV通信，大多数为日本电台，而传送的画面，多为操作者本人，或SQL卡，或是各地的民情风俗，是声音通信外的另一种乐趣。SSTV是将影像分割成无数多的小方块，每个方块代表着一个颜色，每个颜色以一个音频(TONE)代表，再以音频宽度为3 kHz的信号发射出去，这3 kHz的音频中，有代表着各色阶的音调，也有画面的同步信号，一个方块一个方块慢慢传输，最后才能组成一个画面；不同于家用电视，画面是频宽8 MHz的信号，交错扫描而快速编成一个画面。

7.Packet Radio

Packet Radio封包式无线电最主要的用途在于数据的无线电传输，因为短波传送距离相当远，所以借着短波传送数据资料，也非常频繁地被使用。封包式无线电的工作原理，是将要发送的数字信号，在发送前先切成一个个小的封包，再将这小小的封包，对应成音频，然后陆陆续续地传送出去，接收的一方则是将每个小小的封包再组合成原来的数字资料。Packet Radio 遵循着 AX.25 的通信协议，其最大的好处在于低错误的传输，在同一频率中，可同时拥有多组不同组群的传输，甚至可边传边人语交谈，但由于采用分封方式，故速度略为缓慢。

8. PACTOR

PACTOR：像电传一样使用双音频的 FSK，由于其为短波优化了的协议和使用 DSP 技术，可以在恶劣的短波段传播环境中提供更快的传送速度、数据压缩率及错误纠正能力，并且可以方便地使用扩展的 ASCII 码，是短波段数据传送最常用、最流行的一种方式。

PACTCR 频谱如图 5-2-1 所示。

PACTOR 工作时发送的每个数据小包都带有一个特殊的小标签供 IRS 来测定它的数据是否正确，如果有问题，IRS 可以自动要求重发，PACTOR 可以工作在 100 baud 或 200 baud，这取决于通道的状态，并且这个转换过程完全是自动的，不需人工干预。之所以没有使用更高的波特率，是因为这个波特率恰好可以使用某些 500 Hz 的窄带滤波器，在一个 500 Hz 的高性能滤波器中，200 波特率的 FSK 信号将比中心频率的振幅衰减 3dB 左右，而 300 波特率的信号很难再使用这种窄带滤波器，因为这种调制方式(FSK)采用直接在载波上调制一个方波基带信号，在接近调制波特率的滤波器中使用势必导致相位严重失真，再加上恶劣的短波段环境，采用 200 波特率是比较好的选择。另外，PACTOR 还有一个优点就是它能使用霍夫曼编码来压缩文本以提高数据的吞吐量。PACTOR 波形图如图 5-2-2 所示。

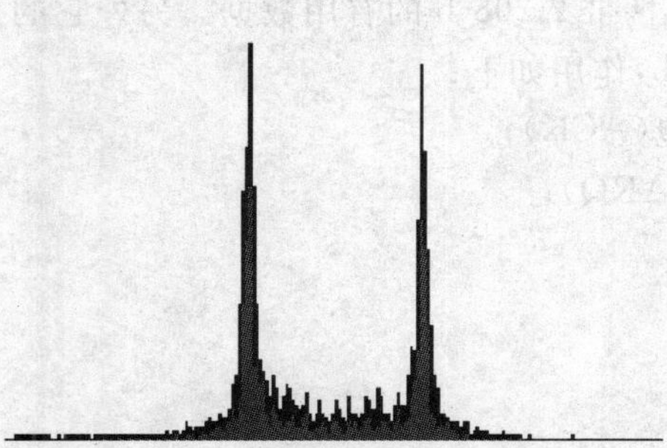

图 5-2-1　PACTOR 频谱图

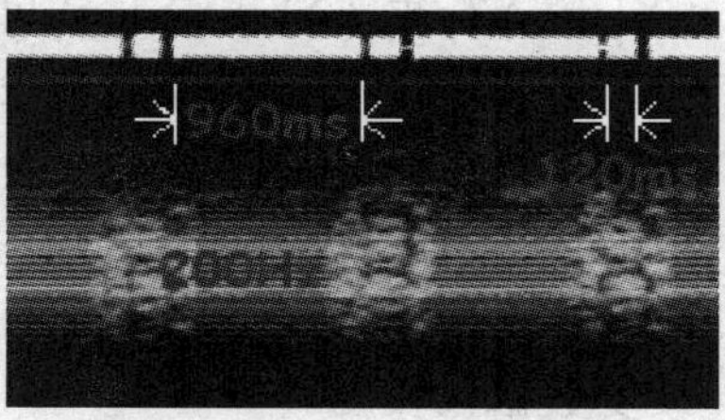

图 5-2-2　PACTOR 波形图

PACTOR 技术的演进称为 PACTOR-Ⅱ——可能是短波段最快的通信方式了，它的协议和硬件在 1995 年的上半年才公布，可以在 PACTOR-Ⅰ的基础上提高 6～8 倍左右的速度，比 AMTOR 方式提高了 30 倍，在短波段使用数据压缩可以达到 1 200 波特率的极限值。在平常使用中吞吐速度也很容易超过 800 波特率，带宽要求在－50 dB 处大于 450 Hz(跟工作速率无关)。PACTOR-Ⅱ使用了很多在其他数据方式中见不到的先进技术，以其代表机型 PTC-Ⅱ为例，它使用了实时维特比译码器实现全帧交叉的卷积码功能来提高恶劣环境下信号的解码能力，采用伪 Markow 来实现在线的数据压缩，并且具有码长自适应能力和双倍的数据吞吐量技术，使用极为有效的 Memory-ARQ 运算法则。

PACTOR-Ⅱ通常也使用 1.25 s 的持续周期，不过其数据帧由 PACTOR-Ⅰ的 0.96 s 缩短到只有 0.8 s，其应答信号由于数据量增大变为 225 ms，因此整个控制信号窗口也增大到

425 ms。PACTOR-Ⅱ波形图如图 5-2-3 所示。

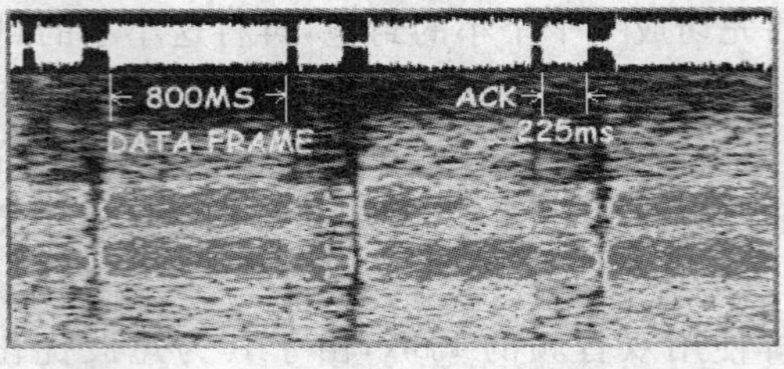

图 5-2-3　PACTOR-Ⅱ波形图

PTC-Ⅱ可以在有用信号比噪声低 18 dB 的情况下传送信息而不中断。这个数值意味着欧洲到澳洲只使用 16 mW 的 HF 信号就可以建立可靠连接，这么小的功率用耳朵是绝对听不出来的。它的另外一个独具的功能是根据连接质量可以自动调整发送功率，有点像现在的 GSM 系统。

PACTOR-Ⅱ在不同的速率下使用了不同的调制技术，如下所列：

200 波特率　DBPSK；

400 波特率　DQPSK；

600 波特率　8-DPSK；

800 波特率　16-DPSK。

PACTOR-Ⅱ在传送缓冲区有大量数据时可以启用另外一种传送方式——长周期方式，通过改变 PACKTOR-Ⅱ状态栏中的周期设置标签，在得到 IRS 的 CS6 控制信号认可后就启用长达 3.75 s 的帧周期，其中数据占 3.28 s，可携带 2 208 b 的有用数据。另外它的控制信号比 PACTOR-Ⅰ增加了两个，每个 CS 包含 40 b，作用如下：

CS1　CS1＋CS2　或　CS2＋CS1：认可数据包（ACK）；

CS2　CS1＋CS1　或　CS2＋CS2：请求重发（ARQ）；

CS3　改变传送方向；

CS4　改变传送速度；

CS5　改变传送速度；

CS6　改变数据帧长度。

所有的 CS 都使用 DBPSK 方式传送。PACTOR-Ⅱ对频率偏差并不像 DPSK 那样敏感，它在连接期间可以容纳±80 Hz 的频偏自动进行补偿，无需操作员微调，非常方便。不只如此，它对频率的稳定性要求也不高。

9. FAX

利用无线电传送 FAX 图片，在短波中相当频繁，有些是报社的新闻图或文字稿，有些是股市行情，有的则是气象预报图，其中气象资料的传真最多。

第三节　超短波频带中的各种信号

一、超短波的具体通信业务

超短波的具体通信业务，从电台的具体业务种类来分，有电离层散射，流星余迹通信，人造电离层通信，对空间飞行体通信，移动通信等。

(1)电离层散射：30～60 MHz。

(2)流星余迹通信：30～50 MHz。

(3)人造电离层通信：30～144 MHz。

(4)航空移动通信核准频率范围：108～137 MHz。

(5)陆地移动通信。

调频收发信机使用的频率范围为：31～35 MHz，138～167 MHz，351～358 MHz，358～361 MHz，361～368 MHz，372～379 MHz，379～382 MHz，382～389 MHz，403～420 MHz，450～470 MHz。

无线寻呼发射机核准频率范围：138～167 MHz，279～281 MHz。

集群移动通信核准频率范围：

移动台：351～358 MHz，372～379 MHz，806～821 MHz。

基站：361～368 MHz，382～389 MHz，851～866 MHz。

模拟无绳电话核准频率范围：45～45.475 MHz/48～48.475 MHz。

(6)调频广播核准频率范围：87～108 MHz。

(7)电视发射设备核准频率范围：

VHF 频段：48.5～92 MHz；
　　　　　167～223 MHz。

UHF 频段：223～443 MHz；
　　　　　443～870 MHz。

在我国使用的 PAL/D 制式电视信号中，图像和伴音载频之间的频率间隔为 6.5 MHz，伴音信号采取 FM 调制。

二、超短波各频段的功能

(1)超短波通信实际使用的频率范围：30～400 MHz。

(2)超短波通信频率功能划分(单位：MHz)：

29.70～37.75，固定，移动；

37.75～38.25，固定，移动，射电天文；

38.25～48.50，固定，移动；

48.50～64.50，广播；

64.50～72.50，固定，移动，广播；

72.50～74.60，固定，移动(无线电定位)；

74.60～75.40，无线电导航；

75.40～76.00，固定，移动；

76.00～108.0，广播；

108.0～117.975，航空无线电导航；

117.975～136.0，航空移动；

136～137，航空移动，固定；

137～138，空间(气象辅助)(空-地)，空间(空-地)，固定，移动；

138～144,固定,移动(无线电定位);

144～146,业余;

146～148,固定,移动,业余;

148～149.9,固定,移动;

149.9～150.05,空间(无线电导航);

150.05～156.765,固定,移动(无线电定位);

156.765～156.8375,水上移动(遇险和呼叫);

156.8375～167,固定,移动(无线电定位);

167～223,广播(固定)(移动);

223～235,固定,移动,无线电定位;

235～328.6,航空移动(无线电定位);

328.6～335.4,航空无线电导航;

335.4～399.9,固定,移动,空间(无线电定位);

399.9～400.05,空间(无线电导航);

400.05～400.15,空间(标准频率和时间信号)(中心频率 400.10 MHz);

400.15～401,气象辅助,空间(气象辅助)(空-地),空间(空-地),无线电定位。

三、超短波通信信号特点

(1)现役战术电台大多是单频段电台,陆军用的战术电台工作在 30～88 MHz 频段,海军用的战术电台工作在 156～175 MHz 频段,空军用的战术电台工作在 108～156 MHz 和225～400 MHz 频段。三军电台不但工作频段各不相同,而且调制方式和抗干扰措施不尽相同。而现代战争是海、陆、空的立体战争,因此这种电台装备不能适应三军协同作战通信需求。为解决这一问题,美国军方提出了多频段多功能电台,即所谓的"易通话"工程。其目的是采用标准化可编程模块复用技术来研制一种可仿真 15 种以上现有电台的军用无线电台(它覆盖 2～2 000 MHz频率范围,包括 SSB,AM,FM,QPSK 等多种调制波形,跳频、直扩、自适应等多种抗干扰方式,话音、数据、图像等多种业务能力),并具备同时和现有的 4 种电台同时通信的能力。这种用软件来确定功能的软件电台具有极大的灵活性,它能与现役和在研制的海、陆、空三军的战术电台兼容,实现多种通信功能。例如,一部电台既可作战术视距通信,也可作卫星通信;既可作话音通信,又可作数据通信;既完成通信、位置报告功能,也能构成通信、导航和敌我识别的综合系统。因此,软件无线电电台不仅可兼容或取代各军兵种现役电台,而且它可以用于三军协同战术通信,为战术移动通信的网间桥接提供通信平台,并可作为中心台使用。多频段多功能电台在战术应用中的突出特点,驱使世界各国争相开发。

(2)对流层散射通信,利用大气层的最低层对流层中的不均匀结构作为散射体,是实现超短波和微波超视距通信的一种传统的、成熟的散射通信方式。到目前为止,人们经过理论分析和实际测试,提出了解释对流层散射传播的几种理论。其中主要的有湍流不相干散射、不规则层不相干反射和稳定层相干反射。原则上从 300～8 000 MHz 的频率范围都可采用,但工作频段的选择与使用条件和用途有关。使用条件主要是指地理、气象和其使用时所在的电磁环境,用途则是对固定式和移动式而言的。一般来说,各国都在可用频率范围内划定一些频段作散射通信使用,例如,我国对固定式(大型)的散射站规定使用 0.3～2.5 GHz 的范围,对移动式散射站规定使用 1.5～7 GHz 的范围。从频率来看，在 0.5 GHz 以下，对流层超视距传播主要是稳定层相干反射和不规则层不相干反射作用，而且随着频率的降低，前者的作用越来越大。在工作频率达 1.5 GHz 以上时，主要是湍流不相干机制起主要作用。从传播距离看，在 300 km 以上，主要是湍流不相干散射和不规则层不相干反射机制起作用。

(3)电离层散射多发生在 E 层底部，距地面约 90 km。因此它的传播距离比对流层散射远得多，一次散射距离可达 1 000～2 000 km，而且在这么大范围区间内，接收信号的强度变化不大。这是因为能产生散射传播的电离层高度相对固定，当通信距离增大时，散射角(散射角可以理解为对散射体中心而言，发射方向与接收方向的夹角)减小，接收到的散射信号是“前向散射”中较强部分的旁瓣分量，散射损耗较小。而当距离较近时，散射角增大。电离层散射与电波频率有密切关系，能被电离层散射传播的频率一般是 30～100 MHz，常用频率取 40～60 MHz。

超短波通信无线电频率划分如表 5-3-1 所示。

表 5-3-1　无线电频率的划分表　　单位：MHz

<table>
<tr><th colspan="3">中华人民共和国无线电频率划分</th><th rowspan="2">国际电联第三区无线电频率划分</th></tr>
<tr><th>中国内地</th><th>中国香港</th><th>中国澳门</th></tr>
<tr><td rowspan="3">403～406
气象辅助
[固定]
[移动(航空移动除外)]
[无线电定位]</td><td rowspan="2">403～405
气象辅助
[移动(航空移动除外)]</td><td></td><td rowspan="3">403～406
气象辅助
[固定]
[移动(航空移动除外)]</td></tr>
<tr><td rowspan="2">404～405
气象辅助
陆地移动</td></tr>
<tr><td rowspan="2">405～406
气象辅助</td></tr>
<tr><td></td><td>405～406
气象辅助</td><td></td></tr>
<tr><td>406～406.1
卫星移动(地对空)
5.266　5.267</td><td>406～406.1
卫星移动</td><td>406～406.1
卫星移动</td><td>406～406.1
星移动(地对空)
5.266　5.267</td></tr>
<tr><td>406.1～410
固定
移动(航空移动除外)
射电天文
5.149　CHN12</td><td rowspan="2">406.1～430
固定
陆地移动</td><td rowspan="2">406.1～430
固定
陆地移动</td><td>406.1～410
固定
移动(航空移动除外)
射电天文
5.149</td></tr>
<tr><td>410～420
固定
移动(航空移动除外)
空间研究(空对空)
5.268
无线电定位</td><td>410～420
固定
移动(航空移动除外)
空间研究(空对空)
5.268</td></tr>
</table>

第四节　微波频带中的各种信号

一、微波的具体通信业务

微波的具体通信业务，从电台的具体业务种类来分，有小容量微波中继通信；(352～420 MHz)；对流层散射通信(700～10 000 MHz)；中容量微波通信(1 700～2 400 MHz)；大容量微波中继通信(3 600～4 200 MHz)；微波中继通信(5 850～8 500 MHz)；数字通信；卫星通信；国际海事卫星通信(1 500～1 600 MHz)等。

(1)微波通信：

1.5 GHz 频段：1 427～1 525 MHz；

4.0 GHz 频段：3 600～4 200 MHz；

5.0 GHz 频段：4 400～5 000 MHz；

6.0 GHz 频段：5 925～6 425 MHz(L)　6 425～7 110 MHz(U)；

7.0 GHz 频段：7 125～7 425 MHz(L)　7 425～7 725 MHz(U)；

8.0 GHz 频段：7 725～8 275 MHz(L)　8 275～8 500 MHz(M)；

11.0 GHz 频段：10 700～11 700 MHz；

13.0 GHz 频段：12 750～13 250 MHz；

14.0 GHz 频段：14 249～14 501 MHz；

15.0 GHz 频段：14 500～15 350 MHz；

18.0 GHz 频段：17 700～19 700 MHz；

23.0 GHz 频段：21 200～23 600 MHz。

(2)对流层散射通信核准频率范围：

固定台：300～2 500 MHz；

移动台：1 500～7 000 MHz。

(3)固定卫星通信核准频率范围：

C 频段：5.850～6.425 GHz；

Ku 频段：14.000～14.500 GHz。

国际海事卫星核准频率范围：

T_X：1 626.5～1 646.5 MHz；

R_X：1 525.0～1 545.0 MHz。

(4)GSM 数字蜂窝移动通信：

基站核准频率范围：

Tx：：930～960 MHz/1 805～1 880 MHz；

Rx：：885～915 MHz/1 710～1 785 MHz。

移动台核准频率范围：

Tx：885～915 MHz/1 710～1 785 MHz；

Rx：930～960 MHz/1 805～1 880 MHz。

(5)CDMA 数字蜂窝移动通信：

基站核准频率范围：
Tx:870～880 MHz；
Rx:825～835 MHz。
移动台核准频率范围：
Tx:825～835 MHz；
Rx:870～880 MHz。
(6)微波接入：
点对点扩频通信：核准频率范围：
336～344 MHz；
2.4～2.483 5 GHz；
5.725～5.850 GHz。
固定无线接入核准频率范围：
上行:3 400～3 430 MHz；
下行:3 500～3 530 MHz。
短距离微功率无线电核准频率范围:2.4～2.483 5 GHz；
PHS无线接入系统核准频率范围:1 900～1 915 MHz；
DECT无线接入系统核准频率范围:1 900～1 920 MHz。
数字无绳电话核准频率范围:1 915～1 920 MHz,2.4～2.483 5 GHz；
多路微波分配系统核准频率范围:2 535～2 599 MHz。
(7)ITU规划3G核心频段:1 885－2 025/2 110－2 200 MHz。

二、微波各频段的功能

(1)微波通信实际使用的频率范围:0.3～3 GHz。
(2)微波通信频率功能划分(MHz)：
401～402,气象辅助,空间(空-地),空间(气象辅助)(地-空)(固定)(无线电定位)；
402～403,气象辅助,空间(气象辅助)(地-空)(固定)(无线电定位)(移动)；
403～406,气象辅助(固定)(无线电定位),移动(航空移动除外)；
406～406.1,空间(移动)(地-空)；
406.1～410,固定,移动(航空移动除外),射电天文；
410～420,固定,移动(航空移动除外),无线电定位,空间；
420～450,无线电定位,航空无线电导航；
450～460,固定,移动,无线电定位(航空无线电导航)；
460～470,固定,移动,无线电定位,空间；
470～566,广播；
566～606,固定,移动,无线电导航,无线电定位；
606～798,广播；
798～960,固定,移动,广播,无线电定位；
960～1 215,航空无线电导航；
1 215～1 240,无线电定位,无线电导航；

1 240～1 300,无线电定位,无线电导航(业余);

1 300～1 400,无线电定位,无线电导航;

1 400～1 427,射电天文,空间;

1 427～1 535,固定,移动,空间(无线电定位);

1 535～1 544,航空无线电导航,空间(水上移动)(空-地);

1 544～1 545,空间(移动)(空-地)(遇险和安全操作);

1 545～1 559,航空无线电导航,空间(无线电导航)(空-地);

1 559～1 610,航空无线电导航,空间(无线电导航)(空-地);

1 610～1 626.5,航空无线电导;

1 626.5～1 645.5,空间(水上移动)(地-空);

1 645.5～1 646.5,空间(移动)(地-空)(遇险和安全操作);

1 646.5～1 660,空间(航空移动)(地-空);

1 660～1 660.5,空间(航空移动)(地-空),射电天文;

1 660.5～1 668.4,射电天文(固定)(移动(航空移动除外))(空间(无源));

1 668.4～2 300,固定,移动,空间;

2 300～2 450,固定,移动,无线电定位,空间(业余);

2 450～2 500,固定,移动,无线电定位,空间;

2 500～2 690,固定,移动(航空移动除外),无线电定位,空间;

2 690～2 700,射电天文,空间;

2 700～2 900,无线电定位,航空无线电导航,空间;

2 900～3 100,无线电定位,无线电导航。

三、微波通信信号特点

微波通信是利用波长为 1 m～0.1 mm(频率为 0.3～3 000 GHz)的电磁波进行信息传递的一种通信方式。

(1)微波波段的频带宽,通信容量大。全部长波、中波、短波波段的总带宽还不到 30 MHz,而厘米波(10～1 cm)的带宽为 27 GHz,它几乎是前者的 1 000 倍。显然,占有频带越宽,可容纳同时工作的无线电设备就越多,通信容量就越大,而且可以减少设备相互之间的干扰。

(2)适于传输宽频带信号。微波通信设备工作在微波频段,与短波、甚短波通信设备相比,在相同的相对通频带(即绝对通频带与载频的比值)条件下,载频越高,绝对通频带越宽。因此,短波通信设备一般只能容纳几个话路同时工作,而一套微波通信设备可容纳几千个话路同时工作,或用于传输电视、图像等宽频带信号。

(3)天线增益高、方向性强。由于微波波段的波长短,所以很容易制成高增益的天线。另外,在微波波段的电磁波具有近似光波的特性,因而可以利用微波天线把电磁波聚集成很窄的波束,得到方向性强的天线。因此,微波发信机的输出功率可以降低,使设备结构简化、成本降低。由于天线的方向性很强,因而通信中相互干扰的现象也就大为减少。

(4)外界干扰小。在微波波段,工业干扰、天电干扰及太阳黑子的变化基本上不起作用(当频率高于 100 MHz 时,这些干扰的影响就极小)。因此,通信传输的可靠性和稳定性得到了保证。

(5)投资少、建设快、通信灵活性大。在通信容量和质量基本相同的条件下,按话路千米计算,微波线路的建设费用只有同轴电缆线路的 1/3～1/2,还可以节省大量有色金属。建设微波线路所需要的时间比有线电缆线路要短。由于不需要架设明线或电缆，它在抵抗水灾、台风、地震等自然灾害及跨越高山、水域等复杂地理环境方面具有较大的灵活性。

(6)中继传输方式。在微波波段，电磁波的功率在视距范围内的空间是按直线传播的。考虑到地球表面的弯曲，通信距离一般只有几十千米，要进行远距离长途通信，就必须采用中继(接力)传输方式，将信号多次转发，这样才能到达接收点。这种通信方式叫做视距微波中继通信。

(7)卫星通信是指利用人造地球卫星作为中继站，转发无线电信号，在多个地球站之间进行信息交流的通信方式。它主要工作在微波波段，可传送电话、电报、图像、数据等信息，是现代军事通信的重要方式。卫星通信是地面微波中继通信的发展，是随航天技术的发展而发展起来的现代通信方式。卫星通信具有通信距离远、组网灵活、不受地形地貌限制、线路稳定可靠、传输容量大及抗干扰等特点。通信卫星按频率可分为特高频(300～3 000 MHz)、超高频(3～30 GHz)和极高频(30～300 GHz)3类，特高频卫星成本低，但易受干扰；超高频卫星比特高频卫星抗干扰能力强；极高频卫星抗干扰能力最强，可提供的频带也宽，易于实现星上处理。微波通信无线电频率划分表如表5-4-1所示。

表5-4-1 无线电频率的划分表　　单位:GHz

中华人民共和国无线电频率划分			国际电联第三区无线电频率划分
中国内地	中国香港	中国澳门	
19.3～19.7 固定 卫星固定(空对地)(地对空) 5.523B 5.523C 5.523D 5.523E 移动	19.3～19.7 固定 卫星固定(空对地)(地对空)	19.3～19.7 固定 移动 卫星固定(空对地)(地对空)	19.3～19.7 固定 卫星固定(空对地)(地对空) 5.523B 5.523C 5.523D 5.523E 移动
19.7～20.1 卫星固定(空对地)5.484A 5.516B 固定 移动 [卫星移动(空对地)] 5.524	19.7～21.2 卫星固定(空对地)	19.7～20.1 卫星固定(空对地) [卫星移动(空对地)]	19.7～20.1 卫星固定(空对地)5.484A 5.516B [卫星移动(空对地)] 5.524
20.1～20.2 卫星移动(空对地) 卫星固定(空对地) 5.484A 5.516B 固定 移动 5.524 5.525 5.526 5.527 5.528		20.1～20.2 卫星移动(空对地) 卫星固定(空对地)	20.1～20.2 卫星移动(空对地) 卫星固定(空对地)5.484A 5.516B 5.524 5.525 5.526 5.527 5.528

续 表

中华人民共和国无线电频率划分			国际电联第三区无线电频率划分
中国内地	中国香港	中国澳门	
20.2～21.2 卫星固定(空对地) 卫星移动(空对地) 固定 移动 [卫星标准频率和时间信号(空对地)] 5.524		20.2～21.2 卫星固定(空对地) 卫星移动(空对地) [卫星标准频率和时间信号(空对地)]	20.2～21.2 卫星固定(空对地) 卫星移动(空对地) [卫星标准频率和时间信号(空对地)] 5.524

第五节 电磁频谱监测网

电磁频谱监测网,是对空中电磁信号频谱特征参数进行测量、分析,对信号源进行定位的网络,也称电磁频谱监测测向网。电磁频谱监测网担负电磁环境监测和无线电信号测向定位任务。

一、无线电监测测向技术

无线电监测测向技术是指对无线电信号频谱特性参数及其信号源的方向和位置进行测量的技术。对无线电信号的监测与一般无线电通信接收原理相似,主要通过信号分析装置和控制装置,判明无线电设备的工作频率、功率以及信号形式与特征等。无线电监测测向是整个电磁频谱管理活动的基石,要高质量、高时效地对无线电信号进行监听分析,对非法电台和干扰源进行测向定位和查处,合理、有效地进行频率指配,必须依赖先进的无线电监测测向技术,它是提高整个电磁频谱管理水平的基础。

1. 无线电信号监测技术

无线电信号的监测包括信号的监视和信号参数的测量。信号的监视的第一个任务是对特定信号的长期监听与活动情况的监视,目的是为了获得信息和掌握与该信号的活动情况相关的辐射源情况。信号的监视的第二个任务是通过多维搜索对信号环境的监测。它还包括无线电管理中对各种合法和非法信号的监管,以便有序、可靠和高效地利用有限的频谱资源,以及确保无线电通信的畅通。信号的监视是通过各种侦察接收机和频谱分析仪的工作来完成的。例如,可以使用接收机对某一信道的信号进行长期不间断的监听和测量,以便获取信号所载的消息和信号参数;通过对某一频段信号的不断搜索,实现对该频段的频谱利用情况和信号活动情况的电磁环境监视等。

信号监测的实施是通过搜索、截获和检测,找到对象信号,并对其进行监听、监视、参数估计和测量,以及通过循环往复的搜索截获,实现对信号环境的全面监视。这种监测所需要的搜索、截获和检测与上面所述没什么不同。如果说有不同,那就是它具有长期性,并对长期监测结果进行分析处理,从而不但获得短期的直接监测结果,而且还可以通过综合分析获得更多的，除直接监测结果以外的信息。

在讨论信号特性时，已将通信信号分为基带信号、射频信号和电磁波信号。一般而言，信号参数的测量是对射频信号参数的测量，有时也包括对加载到射频信号上的基带信号参数的测量。对电磁波信号参数的测量往往也是通过对射频信号的测量而获得的。

众所周知，通信信号是极复杂的，因而描写它们的参数也有所不同。对信号参数的测量可以用侦察接收机进行，也可以用专门的测量仪器进行。在侦察站中或无线电监测站中通常使用侦察接收机进行测量，在有些情况下也用专门仪器进行测量。下面只对无线电信号监测的一些主要技术手段予以简单介绍。

(1)数字接收技术。在用模拟信号进行通信的系统中，用于接收模拟信号的接收机称为模拟信号接收机；在用数字信号进行通信的系统中，用于接收数字信号的接收机称为数字接收机。数字化接收机或数字式接收机则有所不同，其不同点是后者的功能是部分地，或绝大部分采用数字信号处理技术来实现的，它既可以接收数字信号，也可以接收模拟信号。把数字化接收机称为数字接收机，显然这种称呼不十分确切。数字接收技术的基本原理是将所需的射频信号转换为数字形式。数字接收机中频数字化仪通过模/数转换器(ADC)和其他电路使从射频中来的中频信号数字化。信号处理器完成将产生的数字化信号滤波、微调和解调。数字输出可进行进一步的记录或处理，模拟信号再现模块完成数/模转换，供操作者监听和进一步处理。

无线电通信侦察接收机可分为窄带的监测和分析接收机、宽带的宽开接收机。这些接收机早期都采用模拟技术，并使用模拟器件来实现。随着数字处理技术的发展、各种通用和专用芯片的面世，数字技术愈来愈广泛地被应用。数字技术的发展也为接收技术的发展注入了非凡的活力，它的日趋成熟为接收机的数字化，也为软件无线电的提出和发展作了充分而必要的准备。伴随着接收机许多功能采用数字处理技术的实现，便开始了模拟接收机的数字化过程。首先实现数字化的是解调部分，而后是变频、滤波和信号处理。到目前为止，随着模拟接收机的数字化的进程的不同，接收机的数字化程度也有很大的不同，它可能是只在解调部分采用数字处理技术的数字化；也可能是除了接收机前端的放大器和滤波器而外，全部采用数字处理技术的数字化。对接收机的数字化方法是多种多样的，不同的接收机，其数字化程度也有所不同。

然而，不管接收机的数字化程度如何，其结果是都可以不同程度地提高接收机的性能。这正如市面上的数字调谐收音机、数字高清晰电视，比模拟机性能要好得多一样。

对模拟和数字接收机进行比较可以发现，在模拟接收机中，对相同的输入信号，每一部相同的接收机的输出都可能不同。即使是同一部接收机，也可能会由于时间不同、温度不一样，对同样的输入信号有不同的输出。可见其稳定性和一致性都不够理想。此外，由于一般的模拟接收机都含有射频级、混频器、频率合成器、中频放大器和模拟解调器等，不仅存在机内射频干扰问题，而且很难缩小体积、减轻质量和降低成本，这些都构成了模拟接收机的缺点。数字化接收机以其不同的数字化程度，可以部分或全部地克服模拟接收机的上述不足，例如多部接收机的数字化部分可以有模拟接收机望尘莫及的一致性。不但如此，数字接收机还具有更好的总体性能和性能价格比，而且其组成更加灵活，采用硬件和软件双管齐下的措施，接口能力更强，可根据未来不断增长的对接收机功能和性能的要求而扩展。因此，数字技术在侦察接收机中的应用，为接收机性能的提高、多功能的实现和扩展、结构优化、小型化和成本降低提供了广阔的空间。它的高可靠性、可重复性和一致性更是高质量的接收机和测向信道机所需要的。数字化接收机是接收机的发展趋势。

如同通信中的模拟接收机一样，无论是通信的或是侦察的数字化接收机的拓扑结构，基本都是超外差式的，对分析接收机的数字化，它可以更好地完成对信号的分析任务；当接收机是在宽开时的数字化，它就是一个能够完成快速搜索的截获接收机，并兼有信道化窄带接收功能。多部宽开接收机的并联使用，就可以构成数字化宽频率范围的快速搜索截获接收机，可以更快地完成对信号的搜索。总之，数字化接收机比模拟接收机可以更好地用做信号的接收、分析处理、信号的搜索。它非常适于用做高质量的多信道测向信道机。

按数字化实现方法的不同，可将数字化接收机分为直接数字化、零中频数字化、准零中频数字化和中频数字化接收机。

直接数字化接收机将天线接收的射频(RF)信号，经预选器滤波和放大器放大后直接送入模/数转换器进行数字化，信号数字化后送入数字信号处理(DSP)单元进行处理，完成信号接收。有时还需要经数/模转换送出模拟信号。对模/数转换器的要求主要包括抽样速率和分辨率(位数)。抽样速率主要由信号带宽决定，两倍的信号带宽只有理论意义，一般要求至少大于2.5倍的信号带宽。抽样速率高，会带来一系列的好处，当然也不能太高，这一方面受器件性能限制，另一方面，速度太高会增加设备成木。DSP是接收机的关键部分，它的构成是将运算器，控制器，RAM，ROM，I/O，定时器/计数器以及DMA集成在一起，与单片机相比，DSP芯片具有更加适合于数字信号处理的软件和硬件资源，可用于复杂的数字信号处理算法。

目前市场上常见的DSP芯片有美国TI公司生产的TMS320系列，AD公司的ADSP系列，MOTOROLA公司的DSP系列，NEC公司的PD系列，以及AT&T公司的DSP系列。采用DSP技术实现信号的接收，可提高接收机的性能，并且用软件方法实现信号接收也大大增强了接收机的灵活性。

直接数字化接收机可以只对带内某一窄带信号进行接收和分析，因而用做分析接收机。这时需要对信号进行数字下变频，然后经抽取滤波、成形滤波、定时同步、载波同步、多模式解调/译码与数据恢复等，最后完成对信号的接收。由于在频域方面接收机是宽开的，它也可以同时对带内所有信号进行检测、分析处理，因而也可用做搜索接收机。这时只要对ADC的输出进行FFT变换，并进行适当处理，就可给出特定频率范围的信号幅度-频率分布图，从而用于信号频率域的搜索和截获。理论上，只要接收机所用之ADC能按抽样定理对其接收带宽信号实施模/数转换，就可以使其工作频率很高和频率范围很宽。然而，ADC能完成的抽样速率和响应速度都是有限制的。目前商品化ADC性能还难于全面满足射频直接数字化的要求。因此，除了甚低频和低频信号，有时还有高频采用这种方式之外，其他频段的信号还很难采用这种接收方式。即使在这些频段，频域的宽开也会导致接收机很难正常工作。特别是在有多个大信号同时进入接收机的情况下，诸多的大信号叠加会使前端(没数字化部分)进入非线性区，产生很多互调信号，形成接收机的许多虚假信号接收。同时，大信号对小信号的抑制，还可能使小信号丢失。另外，非线性还使互调噪声增加，使总的噪声电平提高，接收机灵敏度下降。这些都会使接收机的正常工作受到破坏。因此，全频段的宽开数字化接收机是极少见的，大多数的接收机都是分频段的。

由此可见，这种接收机只能用于信号环境不太恶劣的情况下，而且要求ADC和其前端电路的动态范围足够高，只有这样才能有良好的工作性能，不然就需要设法抑制输入的大信号，例如采用多个针对大信号的陷波滤波器。

如前所述，在模拟接收机中，零中频接收机是将信号经滤波和放大后直接送入混频器，与此同时，一个频率与信号载频相同或相近的本振信号也送入该混频器，二者在这里完成混频，而后经滤波，完成信号解调。在数字化接收机中，也采用相同的方法构成零中频或准零中频接收机，也有人将其称为直接变换接收机或零拍接收机。这种接收机直接将射频信号变化至基带，它的信道选择仅要求一个具有尖锐截止特性的低通滤波器。为了保证在处理过程中不丢失信息，这种接收机一般采用正交混频。即将经滤波和放大后的信号分成两路，分别送入两个混频器，同时与信号载频相同的本振信号也以两路正交形式（一路为同相 I，另一路为移相 90°的 Q）的信号分别注入这两个混频器，从而使变频后的信号变为频率为零的两路正交基带信号。这两路信号各自经过一个低通滤波器滤波，而后在统一时钟的控制下，经过 A/D 转换，然后送入 DSP 处理器进行分析处理，从而完成对信号的接收。由于接收本振与发射载频并不完全匹配，其频率和相位必然存在一定的偏差，因此，在解调过程中一定要消除这些偏差，否则将会影响系统性能。可设置锁相模块消除上述偏差，由于偏差通常都不大，这就大大降低了数字锁相环的难度，这也是这种接收机结构比较适合高速突发通信的主要原因。

采用正交混频的好处是可使信号不丢失信息，因此数字接收机大都采用这种结构。这种接收机的性能和可靠性取决于 I 和 Q 两个通道的一致性，即两个通道之间增益和相位的一致性。

对于 FSK，FM，QPSK 和频分复用信号，其信号频谱特性与幅度调制信号不同，这些信号位于载波频率两边的信号频谱分量的含义不一样，有的信号频谱的两边载有不同信息，分别代表不同的调制信号，如果将这些信号转换到零中频，将会在观测空间上造成频谱混叠，实际观测到的时域波形是正频谱和负频谱两者叠加在一起的信号，无法用滤波的方法将它们区分开来，也就无法正确地解调信号。因此在下变频的时候，不能将这样的信号频谱直接搬移到零中频，而是要先变换到较低的中频上，并且要求下变频后的信号最低频率不能低于零频，这时它的输出并不表示解调信号，因此称其为准基带信号。所谓准基带信号，就是虽然它不是真正的基带信号，但频率已经很低，已接近基带，可以很容易实施低通抽样和处理。这样构成的接收机与零中频接收机的差别，就在于其本振频率与信号载波不相同，是不相干的。即这种接收机的中频不真正为零，称其为准零中频接收机，其原理与零中频接收机基本一样。

从以上讨论不难看出，虽然已经找到了一些解决这种接收机技术难点的方法，但某些技术难点，如动态问题，仍然限制了这种接收机的使用。因此，人们提出了一种折中方案，即中频数字化方案，这样构成的接收机称为中频数字化接收机。如果把中频输出作为输入信号，那么上述几种体制即直接数字化，零中频和准零中频都可以被应用。对于电子侦察接收机而言，当前使用的基本是中频数字化方案。数字化后的灵活性，使得它们既可以用做窄带分析接收机，又可以用做宽开搜索接收机，也可同时具备两种功能。同时它还可以用做各信道性能非常一致的多信道接收机，这是多信道测向机所要求的，因为它可使测向机的设备误差大为减小或大大简化误差修正方法。

中频数字化超外差接收机通常有三种形式：窄带（单信道）和宽带中频数字化超外差接收机，以及综合中频数字化超外差接收机。这里首先介绍窄带（单信道）中频数字化超外差接收机。

这种接收机的前端与窄带超外差接收机没什么不同，所不同之处是其中频输出采用了数字处理技术。数字化的实现方法主要有两种：一是先进行正交混频，然后再进行 ADC 转换和滤波，最后送 DSP 进行处理，实现信号的解调；二是先进行 ADC 转换，然后再使其与数控本振进行正交混频，最后送 DSP 进行处理，实现信号的解调。对于这两种方法，后者具有良好的性能，因此这种接收机都采用这种方法实现信号的接收。

接收机的这个数字化处理单元是一个直接中频抽样全数字化多模式接收单元，经放大的二中频信号送入模/数转换器，信号被数字化，输出分两路与数控振荡器(NCO)输出的两路正交的本振信号进行混频，实现数字下变频，然后经抽取滤波、成形滤波、定时同步、载波同步、多模式解调/译码与数据恢复等部分，最后完成信号接收。

就目前而言，接收机的许多功能数字和模拟技术都可以很好地实现。但就当前情况而言，数字技术还不能在很高的频率上满意地工作。因此，实际上，很难想象实现一个完全数字化的接收机。可以断言，在很长的一段时间里，高频段接收机的前端仍然倾向于采用模拟技术。

(2)频率测量技术。对于信号频率的估测，可以通过各种接收机工作原理找到估测方法。例如，在使用扫频超外差接收机时，在这种接收机中，本地扫频振荡器在某一频率范围快速扫描，预选滤波器随着本地振荡器进行调谐，本振信号与进入混频器的某个频段的信号混频，当本地扫频振荡器扫到某个频率，且与某一信号混频输出一个固定中频时，该信号就能通过中频滤波器。经放大检波，检测出信号幅度。并且通过测量峰值出现时间，与本地扫频振荡器扫频时间的对应关系，找出对应时刻接收机的扫描频率，该频率就是信号频率估计值。对于步进式搜索接收机或用于监视和分析的接收机，可以从接收到信号的信道推断输入信号频率。对于压缩接收机、声光接收机、信道化接收机等，皆可用这种方法估测信号频率。但要想提高测量精度，那就需要使用专门设备或专用部件来实现。

通常对于信号载频的测量要求较高，这是因为信号的载频一旦确定，整个信号的频率特性也就确定了。对于特定的目的，如为了更有效地实施干扰或为了提取信号指纹的需要，频率测量精度也需要很高。例如，对人工键控报干扰时，最佳干扰样式要求频率重合度小于 7 Hz。为此，对于调幅和载频信号的载频频率测量，可以采用直接测量法进行测量。对于调频信号的载频测量也可以通过长时间(大于调制信号周期)测量进行平均，获得其载频值。对于经过处理后只含单一频率的信号，也可以采用直接测量法对信号频率进行测量。例如，BPSK 倍频后就是单一频率信号，对其就可直接测量。当然，对信号的直接测量通常是在接收机的中频进行的，因为这时的信号已具备了直接测量的电平条件。测出的中频频率经简单的运算就可得到信号的频率。对中频直接进行频率测量的方法是多种多样的，主要采用频率直接测量法和频谱估计法。频率直接测量可采用对本振和中频信号同时测量，测量结果经运算获得信号频率值。对于大多数通信信号都不是具有单一频率的信号，构成通信信号的频率往往是占有一定带宽的频谱，如双边带和宽带调频信号等，信号本身可能不包括载频或载频能量很低。对这些信号的频率测量就不能采用频率直接测量法进行测量，只能通过频谱分析的方法来确定其频率。

(3)场强测量技术。场强的测量主要基于电场和磁场对接收天线的冲击响应。将接收机接到天线上即可检测天线的响应。对电磁场的响应必须同时考虑天线和场的特性。场强测量仪器一般包括几个单元。这些单元是：天线；有步进衰减器的接收机，可调整灵敏度；有校正接收机灵敏度的信号发生器；按照接收机进行输入电压或场强的不同测量，有线性校正或校正的测量部件。

场强测量通常可实现以下几个目的：

1)确定恰当的无线电信号强度和所给定业务信号源的效能；

2)确定给定的已知无线电发射的干扰程度；

3)确定电子设备所产生的信号强度；

4)测量传播现象以开发和验证传播模式。

(4)带宽测量技术。在监测站监测发射带宽，通常采用带宽的新定义，以便能够实现统一的国际监测。其测量方法有直接测量带宽和由功率比(99%)直接测量占用带宽两种。

(5)频谱占用度的测量技术。在频率管理中，通过适当地发布当前频谱的利用情况和需求的变化趋势通告，有利于频谱管理的顺利进行。为了获得这一信息，就需要对频率占用度进行测量。

大量的信息可通过测量频谱占用度来获得。频谱占用度的测量有如下作用：

1)通过对自动记录频谱的分析来编制频谱的实际使用情况表。

2)对实际使用的频率占用度的测量有助于具体频率的分配和排除干扰。

用频谱分析仪进行带宽测量时，其测量的精度与频谱分析仪的扫描速率、扫描宽度、滤波器带宽、显示的电平有关。

(6)调制测量技术。调制是用一个信号使称做载波(如电压、电流、光、电或磁场)的正弦波或脉冲序列发生变化。就无线电监测而言，只考虑正弦波电磁载波(电压、电流或场)。

基带信号一般既不具有合适的波形，又不具有可直接发送的频率，调制的目的是使基带信号转换成能通过天线发射的较高的频率。

调制信号可以改变载波的幅度或是频率/相位，或是两者都改变(振幅调制，频率调制，相位调制)。调制信号可以是模拟信号，也可以是数字信号。

调制方法有模拟调制和数字调制两种。模拟调制分为振幅调制、角度调制和特殊模拟调制 4 种；数字调制分为振幅键控、移频键控和相移键控 3 种。

信号调制方式分类或识别是通信侦察和无线电频谱管理的一项关键技术。随着军用和民用无线电通信技术的迅速发展，信号的调制方式变得多样化起来。为了使非合作的侦察系统能很好地对信号实施有效侦察，必须和首先的是弄清信号的调制样式，只有这样才能进一步对信号实施解调和获取信息。

通常，通信信号调制方式的分类可采用决策理论和统计模式进行分类，早期的信号调制分类是人工采用统计模式进行分类的。操作人员在对信号进行分类前，要进行各种调制信号特征的掌握。这些特征不外是可以听到的音响，可以看到的各种图形和参数。这些图形和参数是通过接收机对信号进行处理得到的时域、频域、能量域等的图形和参数。如信号的波形、频谱、中心频率、带宽、信号变化特点等。操作人员掌握了这些特征以后，就可以根据这些特征对接收信号的调制样式进行分类识别。例如，等幅报的时域波形上是断续的，可以在差拍后听到断续的声音。移频报信号时域波形是连续的，频谱是两簇幅度相等的有一定距离的谱线，在低频可以听到不同的音响。随着信号处理和计算机的技术发展，全人工的信号调制分类逐渐被人工和设备结合的分类方法代替。这时人们将不同调制信号的特征存入数据库，通过设备和人工同时对信号的调制样式进行识别。

(7)识别技术。为了保证接收预期的信号，必须识别无线电发射，并且知道发射源，特别是在广播情况下尤其如此。某些电台需要尽可能地经常识别，例如广播电台。在监测中识别无线电信号是一个非常困难的工作。其中部分是由于呼号不经常发射，部分是由于使用了通信短语和非法的呼号。同时，由于更加复杂的发射系统的使用，如移频、频分多路和时分多路，信号解码变得相当困难。此外，用了许多非莫尔斯编码的机械电报信号，传真系统，单边带和独立边带系统以及保密通信设备。

识别的方法可以包括：呼号、电台名称、电台方位角或位置、操作部门、水上移动业务标识、官方登记标志、飞行识别数码、选择呼叫、识别数码或信号、特性信号、发射特性或其他国际上容易识别的明显特征。现在，数字处理技术和微处理器可以设计出多功能的识别仪器，可以对大多数的信号解调和解码，还可以编程以适应新的发射方案。

二、无线电测向技术

无线电测向技术是指依据电磁波传播特性，测定无线电信号源所在方向和位置的技术。不同的无线电测向技术从本质上说就是指不同的测向体制（所谓测向体制是指探测来波方位所采用不同的技术方法）。依据不同的测向原理，可以把现有的测向技术（体制）归纳如下。

1. 幅度比较式测向技术

幅度比较式测向的工作原理是：依据电波在行进中，利用测向天线阵或测向天线的方向特性，按照不同方向来波接收信号幅度的不同，测定来波方向。

幅度比较式测向的特点：测向原理直观明了，一般来说系统相对简单，体积小，质量轻，价格便宜。小基础测向体制（阿德考克）存在间距误差和极化误差，测向灵敏度不高，抗波前失真的能力受到限制。频率覆盖范围、测向灵敏度、侧向准确度、测向时效、抗多径能力和抗干扰能力等重要指标，要根据具体情况做具体分析。

2. 沃特森-瓦特测向技术

沃特森-瓦特测向的工作原理：沃特森-瓦特测向机实际上也是属于幅度比较式的测向体制，但是它在测向时不是采用直接或间接旋转天线方向图，而是采用计算求解或显示反正切值。属于沃特森-瓦特测向机的有：多信道沃特森-瓦特测向机、单信道沃特森-瓦特测向机。这里所说的多信道，通常是指三信道，另外一个信道的作用是与全向天线相接，以解决“180°不确定性”和“值班收信”问题。

沃特森-瓦特测向的特点：多信道沃特森-瓦特测向机，测向时效高，速度快，可测跳频，测向准确，而且 CRT 显示方式还可以分辨同信道干扰，但是多信道测向机系统复杂；多信道测向机的接收机要求幅度、相位一致，实现上有一定技术难度；单信道测向机，系统简单，体积小，质量轻，机动性能好，价廉，但是测向速度受到一定限制。该体制测向天线属于小基础，测向灵敏度和抗波前失真受到限制。

3. 干涉仪测向技术

干涉仪测向的工作原理是：依据电波在行进中，从不同方向来的电波到达测向天线阵时，在空间上各测向天线单元接收的相位不同，因而相互间的相位差也不同，通过测定来波相位和相位差，即可确定来波方向。

干涉仪测向的特点：采用变基线技术，可以使用中、大基础天线阵，采用多信道接收机、计算机和 FFT 技术，使得该体制测向灵敏度高，测向准确度高，测向速度快，可测仰角，有一定的抗波前失真能力。该体制极化误差不敏感。干涉仪测向是当代比较好的测向体制，由于研制技术较复杂、难度较大，因此造价较高。干涉仪测向对接收信号的幅度不敏感，测向天线在空间的分布和天线的架设间距，比幅度比较式测向灵活，但是天线在空间分布上又必须遵循某种规则，例如：可以是三角形，也可以是五边形，还可以是 L 形等。

4. 多普勒测向技术

多普勒测向的测向原理：依据电波在传播中，遇到与它相对运动的测向天线时，被接收的电波信号产生多普勒效应，测定多普勒效应产生的频移，可以确定来波的方向。

为了得到多普勒效应产生的频移，必须使测向天线与被测电波之间做相对运动，通常是以测向天线在接收场中，以足够高的速度运动来实现的，当测向天线完全朝着来波方向运动时，多普勒效应频移量（升高）最大。

多普勒测向的特点：可以采用中大基础天线阵，测向灵敏度高，准确度高，没有间距误差，极化误差小，可测仰角，有一定的抗波前失真能力。多普勒测向体制的明显缺点是抗干扰性能较差，如：遇到同信道干扰、调频调制干扰时，会产生测向误差。该体制尚在发展之中，改进会使系统变得复杂，造价会随之升高。

5. 乌兰韦伯尔测向技术

乌兰韦伯尔测向的测向原理：采用大基础测向天线阵，在圆周上架设多副测向天线单元，来波信号经过可旋转的角计、移相电路、合差电路，形成合差方向图，而后将信号馈送给接收机。通过旋转角度计，旋转合差方向图，测找来波方向。

由于乌兰韦伯尔测向是进行相位比较，人们常把它归类在比相式测向机。但是从使用者看，最终使用的是信号幅度比较，因此说它是幅度比较式测向机，也有道理。

乌兰韦伯尔测向的特点：由于采用大基础天线阵，测向灵敏度高，测向准确度高，示向分辨率高，抗波前失真、抗干扰性能好，可以提供监测综合利用。由于乌兰韦伯尔测向机要求数十根天线、馈线，其电特性完全一致，加之角度设计、工艺要求高，以及需要大面积平坦开阔的天线架设场地，这无疑增加了造价和工程建设的难度。带来的问题是造价高，测向场地要求高。

6. 到达时间差测向技术

到达时间差测向的测向原理：依据电波在行进中，通过测量电波到达测向天线阵各个侧向天线单元时间上的差别，确定电波到来的方向。它类似于比相式侧向，但是这里测量的参数是时间差，而不是相位差。该测向体制要求被测信号具有确定的调制方式。

到达时间差测向的特点：测向准确度高，灵敏度高，测向速度快，极化误差不敏感，没有间距误差，测向场地环境要求低。但是抗干扰性能不好，载波必须有确定的调制，目前应用尚不普及。

7. 空间谱估计测向技术

空间谱估计测向的测向原理：在已知坐标的多元天线阵中，测量单元或多元电波场的来波参数，经过多信道接收机变频、放大，得到矢量信号，将其采样量化为数字信号阵列，送给空间谱估计器，运用确定的算法求出各个电波的来波方向、仰角、极化等参数。

空间谱估计测向的特点：空间谱估计测向技术可以实现对几个相干波同时测向；可以实现对同信道中、司时存在的多个信号的同时测向；可以实现超分辨测向；空间谱估计测向，仅需要很少的信号采样，就能精确测向，因而适用于对跳频信号测向；空间谱估计测向，可以实现高测向灵敏度和高测向准确度，其测向准确度要比传统测向体制高得多，即使信噪比下降到0 dB，仍然能够满意地工作（而传统测向体制，信噪比通常需要 20 dB）；测向场地环境要求不高，可以实现天线阵元方向特性选择及阵元位置选择的灵活性。以上空间谱估计测向的优点，正是传统测向方法长期以来存在的疑难问题。

空间谱估计测向，尚在研究试验阶段。在这个系统中，要求具备宽带测向天线，要求各个天线阵元之间和多信道接收机之间，电性能具有一致性。此外还需要简捷、高精度的计算方法和高性能的运算处理器，以便解决实用化问题。

各测向技术的优劣通常是人们所共同关心的问题，但是无线电测向技术也像所有的事物一样，各自具有两重性。就使用者来说，每个用户的工作环境、工作方式、工作要求、工作对象等条件不尽相同，因此笼统地说优劣，有可能脱离实际。使用者在选用测向体制和测向设备时，重要的是要透彻了解并仔细分析自身工作的需求。测向体制与设备的优劣好坏，应当在满足工作需求的前提下，由使用者自己做出选择。站在用户的角度看，能够满足工作需求，价格又合适，就是好体制。

三、电磁频谱监测网组成

无线电监测网一般由监测控制中心、固定监测站（如频谱监测站、测向站、监测测向站等）监测车（包括测向车等）、便携监测设备等组成。

1. 监测控制中心

监测控制中心是监测网的指挥中心，负责控制若干个固定站和监测车进行监测，接收返回的监测数据，并进行分析计算、比较和分类，汇总并存入无线电监测数据库，作出监测分析结论，向频谱管理控制中心报告。

2. 固定监测站

固定监测站用于长期连续监测，设备和天线的种类比较齐全、数量多、功能强、自动化程度高、监测覆盖面积大、作用距离远。

3. 监测车

监测车具有无线电监测、测向功能。车上通常装配监测天线、接收机、测向天线、测向设备、频谱分析设备、控制设备、电源设备等，主要用于电磁环境的测试以及查找无线电干扰源。可搬移监测设备可以配置在任何一个通过搬移可以到达的地方，也可以装车，作为车载移动监测设备。

4. 便携监测设备

便携监测设备是在满足监测功能的前提下，尽量减小体积，减轻质量，主要用于固定监测站覆盖不到、移动监测设备到达不了的地域进行无线电监测或干扰查找，操作使用方便，较典型设备有 EB200、手持式监测测向机等。

电磁频谱监测网组成示意图如图 5－5－1 所示。

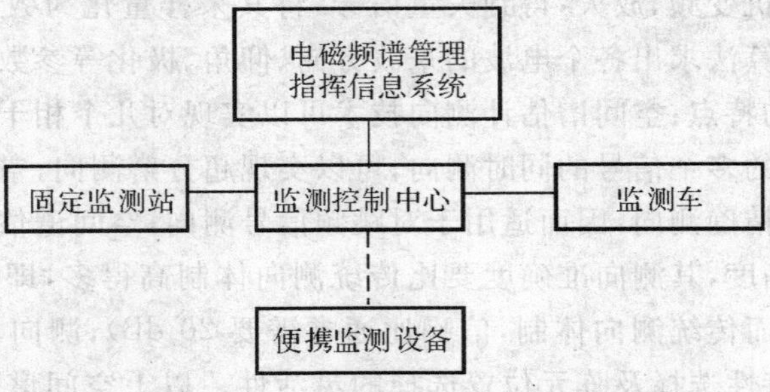

图 5－5－1　电磁频谱监测网组成示意图

四、电磁频谱监测网功能

电磁频谱监测网主要是用于电磁环境和无线电频谱的监测以及无线电信号的测向定位，其主要功能有：

对无线电信号进行日常监测和数据存储。

对单站和多站监测数据进行处理。

对干扰/非法电台测向和定位。

网络控制与管理。

为频谱管理控制中心提供电磁环境和频谱使用情况监测结论。

电磁频谱监测网，可根据任务的不同和电磁频谱管理的实际需要，对其进行灵活配置，形成不同级别的电磁频谱监测网，各级电磁频谱管理监测网依托综合信息网互联，并与各级电磁频谱管理指挥信息系统互联，形成一体化的电磁频谱监测网系。

第六章　频谱管理技术

目前，随着无线通信业务需求的快速增长，可用频谱资源变得越来越稀缺。人们通过采用链路自适应技术、多天线技术等先进的无线通信理论和技术，努力提高频谱利用效率。但在同时却发现全球授权频段，尤其是信号传播特性比较好的低频段的频谱利用率极低。近年来，很多学者通过监测分析当前无线频谱使用状况发现，虽然大部分频谱已经被分配给不同的用户，但是在相同时间、相同地点频谱的使用却非常有限。常常是大部分频点未被使用，而某些热点频率又处于超负荷运行。目前，大多数频谱已经被划分给不同的许可持有者（又称为首要用户），包括移动通信、应急通信、广播电视等。据研究表明，在任一时刻，人们所用到的频谱只占所有可用频谱的 2%～6%。美国联邦通信管理委员会（FCC）充分注意到了这一点，于 2002 年 11 月出版了频谱政策任务组撰写的一份报告，该报告指出，当前分配的绝大多数频谱的利用率为 15%～85%。频谱并不是真的匮乏，而是没有一种在满足现行授权频谱用户要求的同时，对频谱访问进行智能管理的技术。因此近年来，能够对不可再生的频谱资源实现再利用的频谱共享技术受到了人们的广泛关注。因此 FCC 认为当前存在的最主要问题并不是没有频谱可用，而是现有的频谱分配方式导致资源没有被充分利用。只有彻底改变当前固定频谱分配政策，部分甚至全部采用动态频谱分配政策，使多种技术可以实现“频谱共享”，才能彻底改变频谱缺乏的问题。如果采用频谱共享技术，允许部分免许可用户在不影响首要用户的前提下动态共享部分频点可以极大地缓解目前频谱资源紧张的问题。

第一节　频谱管理现状

FCC 的大量研究表明，一些非授权频段，如工业、科学和医用频段以及适于陆地移动通信的 2 GHz 左右的授权频段过于拥挤，而有些授权频段却经常空闲。

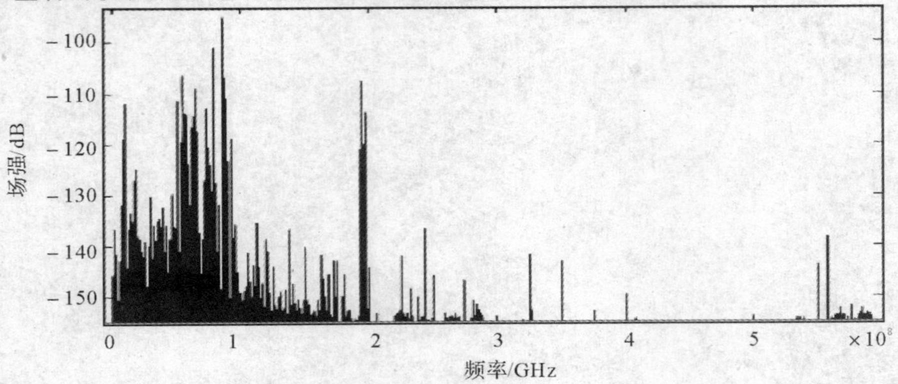

图 6-1-1　郊区实测 0～6 GHz 频谱利用率

图 6-1-1 所示为加利福尼亚大学伯克利分校测试的 0～6 GHz 频谱利用率。实测结果表明，在全球授权频段，即便是信号传播特性较好、需求非常紧张的 300 MHz 到 3 GHz 频段内，频谱利用率也不到 6%；在 3～4 GHz 频段，频谱利用率降低为 0.5%；在 4 GHz 以上，频率利用率甚至只有 0.3%。而 3 GHz 以下频段，根据伯克利无线研究中心的研究报告发现，频谱资源在时域及频域上有多达 70%未被充分利用。因此，如何对频谱资源进行有效共享，充分提高频谱利用率成为亟待解决的问题。

一、固定无线电频谱分配

对电磁频谱资源的管理，是电磁频谱管理的根本目的和最重要的任务。频谱资源是信息化社会高度依赖而又非常稀缺的战略资源，作为一种有限的、开放性、公用性自然资源，广泛应用于国家广播、电视、民航、气象、交通、电信以及军队的众多领域，为国家经济社会发展和军队作战提供重要支撑。尤其是未来天基信息系统、精确制导武器、全球导航定位等信息化武器系统建设对频谱资源需求更大，作战指挥、部队行动、兵力运用对电磁频谱的依赖性更强。

无线频谱短缺的问题，不仅在民用领域比较突出，在军用领域也是如此。并且，随着民用无线电设备的更新换代和用户数量的急剧增加，对频谱的需求也越来越多。有一些国家的一些组织已经申请将部分军用频谱划归民用。这一动向无疑将更进一步加剧了军用无线电频谱资源短缺的问题。目前，国际、国家和军队对电磁频谱均有严格的划分和使用要求。在国家频谱划分的框架下，军队将频谱划分为几百个频段，分给几十种不同军用业务使用，并以法规形式下发执行。

在现代战争条件下，多种电子设备在有限的地域内密集开设，将使得频谱资源异常紧张。战场频谱有效管理是一个非常突出的课题，各国军方都非常重视这一问题的研究。然而，目前基本都采用固定频率分配的形式进行静态的战场频谱分配。从实战情况来看，这种方案是不完全成功的，已成为复杂电磁环境下高效使用频谱资源的瓶颈。一方面，这种分配方案不但导致频谱资源利用率较低，而且容易导致系统内部或者友军之间互相产生电磁干扰；另一方面，这种分配方案需要在战斗开始前花费大量的时间进行频谱规划；此外，通信频率一旦确定，在战斗状态下，无论发生什么情况都无法更改。因此，在战场形势瞬息万变的现代战争中，固定频谱分配方案容易贻误战机。

二、固定中心频率

固定中心频率是无线电通信自创立以来的基本技术体制，从低速到高速、从模拟到数字、从窄带到宽带，包括近代由于通信对抗的发展而产生的“跳频”“扩频”“数据链”等先进技术也都属于固定中心频率，世界各国无线电频谱的管理与分配也都是基于这一理念的。

现代侦查干扰技术发展十分迅速，以短波为例，信号只要在空中出现几百毫秒就会被截获、识别、定位，并被干扰，而超短波信号截获与定位只需几个毫秒。因此，对于固定中心频率通信在信息化战争条件下的生存能力是极其脆弱的，即使采用了跳频、扩频、多载波跳频等技术，由于“中心频率”是固定的，具有较强的不变特征（固定频率集、固定频率间隔、固定调制体制、固定波形、固定频谱和速率等），现代干扰技术仍可侦察、分析和干扰。敌对双方全时段全频域进行的电子侦察已积累了海量的“波形数据库”，使得对于固定中心频率信号的辨识能力大大增强。在电子战剧烈度逐步升级的背景下，无线电通信势必要从固定中心频率体制中解脱出来，通信频率与相关参数应随着电磁环境和信道态势信息(CSI)的变化自适应连续调整，主要参数随频谱结构的变化而自适应地变化。

三、空白频率问题

以电视信号为代表的无线广播信号近来正依托光纤到户、数字传输、高清编码、智能交互等技术从模拟体制演进到数字体制，数字化升级后效率大为提高，节约出大量无线频谱资源，空出的频率既可以提供高清广播电视服务，也可以提供更多双向的电信服务。这些频谱资源能为社会创造更多的财富，因此被称为数字化红利(Digital Dividend)。这对电信运营商来说是一种发展的良机——运营商可以借助新频谱资源提供宽带数据接入服务，可以提供手机电视等新业务，可以采用各类新技术。同时，空白频率也可以为各种社会事业提供更为高效的传输信道。

1. 美国700 MHz频率拍卖尘埃落定，宽带无线接入频段大幅扩展

2008年3月，在历经65天、261轮的拍卖后，美国700 MHz频率拍卖终于结束，拍卖一共发放了1 090张许可证。拍卖总金额达到195.92亿美元，其中美国最大的两家电信运营商Verizon和AT&T，一共出价160亿美元。这次拍卖的700 MHz频率来自模拟电视升级数字电视后空出的频率。

AT&T称其700 MHz频率已经可以100%地覆盖200个主要市场，Verizon称它赢得的全国范围的频率可以覆盖2.98亿人口。

拍卖前为人瞩目的Google在出价46亿美元达到FCC的底价后未再出价，“输”给了Verizon。FCC原期望电信运营商之外的公司能竞拍得到频率并在全国范围内提供宽带无线服务，在DSL和有线电视网络之外建立第三条宽带管道。拍卖结果使美国未来电信市场格局的变数大为减少，竞争格局变化不大。虽然消费者的选择余地未能明显增加，但Google等互联网公司在拍卖前的游说将起到一定效果，因为按照拍卖规则，部分全国频段竞拍获胜者必须面向所有设备和软件应用开放网络，之后AT&T和Verizon纷纷公布了网络开放计划，允许各方手机在它们的网络中使用，而非局限于运营商选定的手机。

2. 美国批准Google等支持的White Space计划，“第二WiFi”有望诞生

2008年11月4日，FCC批准了Google、摩托罗拉和微软等高科技巨头组成的White Space联盟所支持的White Space计划，开放了未使用的空闲电视信道用于无线电通信。

White Space计划是利用传统电视频道之间预留的防干扰的频率资源，随着美国电视服务数字化，将有更多的间隙频率资源被解放出来，这些频率目前无人使用。Google、微软等公司组成White Space联盟，采用认知无线电等防干扰技术，其样机已提交FCC的实验室进行过多次测试。因为White Space所在频段较低，比目前免牌照的WiFi所在的2 GHz频段传播效果好得多，只需原Wi-Fi的AP数量的1/4～1/5，因此这会极大地减少网络建设的成本，并且还能使连接速度提高不少。

但电视广播者们则反对使用空白波段，担心会同现有的电视节目发生冲突，因此双方一直在进行辩论。此次FCC的决定为White Space亮了绿灯。

3. 欧洲议会通过数字化红利频率安排议案，通信和广播频段分配尘埃落定

2008年9月，欧洲议会(European Parliament)通过了欧盟委员会(European Commission)2007年底的一项议案，提出了模拟电视升级为数字电视后空余数字化红利频率的安排

建议。

议案建议在模拟电视升级后，将空余的频率分成几块(cluster)，每一个块分配给类似的服务，从而避免各类不同服务之间的相互干扰。广播方式的单向服务可以使用较低的470～790 MHz频段；790～862 MHz为非广播频段，在其中较低的部分提供手机电视等以单向为主的服务，而移动和固定宽带等双向服务使用最高的频段。

议案建议各国根据本国情况安排频率的拍卖，但希望做到技术中立、符合ITU对无线技术的要求以及各国频率规划与政策。

与此同时，频率管制的自由化越来越明显，尤其是以美国FCC和英国Ofcom这两大监管机构出台的政策为代表。美国700 MHz频率拍卖不指定具体技术，欧盟的议案也要求技术中立，竞拍胜者可自由选择具体的无线技术，而且Ofcom还提出过频率可在市场上自由交易的建议。这些都使得频率的使用更加市场化，运营商在网络发展上会更加自由，比如无线技术可以自由选择，频率资源的获得也更加灵活。但同时，有更多的新进入者与新技术也不断带来新的“威胁”，比如White Space等新技术有可能催生出一些新兴的接入服务商和新兴的商务模式，与电信运营商的宽带无线接入形成竞争关系，这与当年WiFi技术投入使用时的情景类似。可以说，频率管制的自由化倾向将使运营商面临更多的机遇，也存在更多的挑战。

第二节　频谱检测技术

随着无线通信业务的增长，可利用的频带日趋紧张，频谱资源匮乏的问题日益严重。世界各国现行的频率使用政策除分配极少的ISM频段之外，大多采用许可证制度。而获得许可的用户，并非全部都是全天候占用许可频段，一些频带部分时间内并没有用户使用，另有一些偶尔才被占用，即使系统频谱使用率低，仍无法将空间的频谱分配给其他系统使用，即无法实现频谱共享。怎样才能提高频谱利用率，在不同区域和不同时间段里有效地利用不同的空闲频道，这成为人们非常关注的技术问题。要实现动态频谱接入，首先要解决的问题就是如何检测频谱空穴，避免对主用户的干扰，也就是频谱感知技术。频谱检测技术能够感知并分析特定区域的频段，找出适合通信的“频谱空洞”，利用某些特定的技术和处理，在不影响已有通信系统的前提下进行工作。

频谱感知(Spectrum Sensing)能力能够灵敏感知周围的环境变化，通过频谱感知功能发现频谱孔，使得无线电设备能和周围通信环境相适应。第一用户(Primary User)网络没有义务改变它的结构来与其他无权限设备共享频谱，因此，无权限设备只能独立地、可靠地、通过连续的频谱感知对法定用户进行探测。最有效的探测频谱孔的方法就是探测在无线电通信范围内的，正在接收数据的法定用户。在这里，法定用户也可以被称为第一用户，此时，无权用户就相应地被称为第二用户(Secondary User)。

在进行探测时，各种探测算法都基于两个基本前提假设：

物理以上层的协议必须保证认知无线电用户在探测这段时间内保持沉默，这样才能保证在空中仅有的频谱功率是由法定用户发射出的；

必须假设出现最坏的情况，即在认知用户的接收机和法定用户的发射机之间是非视距(NLOS)的。对法定用户的探测必须达到99.99%的成功率，否则的话，法定用户是不愿意与别人分享频谱的。

在进行探测时，不同类的第一用户具有不同的感知灵敏度要求，比如，由于电视接收器的灵敏度比 GPS 接收机的灵敏度差，电视广播信号就比 GPS 信号容易探得到。因此，认知无线电的灵敏度应超过第一用户的接收机灵敏度（通常要有 30～40 dB 的余量），以避免"隐蔽终端问题"（Hidden Terminal Problem）。这就是频谱感知十分具有挑战的关键原因，即要满足每一类用户的灵敏度要求并且有额外的 30～40 dB 的余量。需要这么大的余量的原因是：第二用户很难对第一用户的发射机和接收机之间的信道直接进行测量，它只能根据对第一用户的发射机的探测作出本地信道情况的测量决定。

由于无线电环境是随时变化的，同时也因为第一用户种类的不同、传播损失的不同以及干扰因素，频谱感知功能的实现也需要高度的灵活性。在设计方面主要的挑战性来自于如何定义射频结构，使其在线性、抽样频率、准确性和功率等方面达成折中平衡。这样，数字信号处理技术就可以应用到感知功能中去。这也就推动了信号处理方面的研究，以降低对于在大宽带情景下的模拟器件尤其是宽带放大器、混频器和模/数转换器的挑战性要求。频谱感知对信号处理方面的要求主要表现在两个方面：①通过处理增益提高射频前端的灵敏度；②基于信号的统计特性对第一用户作出身份辨别。

总的来讲，频谱感知技术可以归纳为发射机检测、合作检测和基于干扰的检测，如图 6-2-1所示。

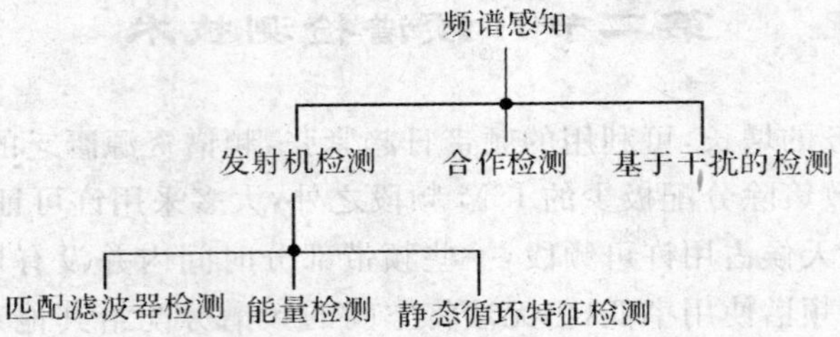

图 6-2-1 频谱感知技术

将待查的频段分为 3 种不同的情况：黑空，存在高功率的干扰；灰空，存在低功率的干扰；白空：仅存在环境噪声量，包括热噪声、瞬时反射、脉冲噪声等。频谱检测的任务就是查找适合动态频谱接入的白空，同时对工作频段在黑空（或灰空）和白空之间的转变进行监测。

在感知无线环境的工作中，如何进行高效的无线频谱估计和分析是关键技术之一。频谱分析是一项相对比较成熟的数字信号处理技术，经过了多年的发展，形成了众多各具特色的算法和理论。

一、匹配滤波器检测

匹配滤波器是一种最优的信号检测法，因为在输出端它能够使信号的信噪比达到最大。匹配滤波器最大的优点就是能够在短时间里获得高处理增益。但是使用匹配滤波器进行信号检测必须知道被检测的主用户信号的先验知识，比如调制方式、脉冲波形、数据包格式等，如果这些信息不准确就会严重影响其性能，同时匹配滤波器计算量也较大。因此它可以用来检测一些特定的信号，但是每类主用户认知无线电都要有一个专门的接收器，这就增加了系统的资源耗费量和复杂度。

所谓匹配滤波器是指输出信噪比最大的最佳线性滤波器。这种滤波器在数字通信信号和雷达信号的检测中具有特别重要的意义。理论分析和实践都表明，如果滤波器的输出端能够获得最大信噪比，就能够最佳地判断信号的出现，从而提高系统的检测性能。

如图 6-2-2 所示，令匹配滤波器的输入信号为 $r(t)=s(t)+n(t)$，其中 $s(t)$ 为有用的通信信号，$n(t)$ 为加性高斯白噪声，其均值为零，功率谱密度为 $\frac{N_0}{2}$，假定信号 $s(t)$ 和白噪声 $n(t)$ 是统计独立的。线性滤波器如图 6-2-2 所示。

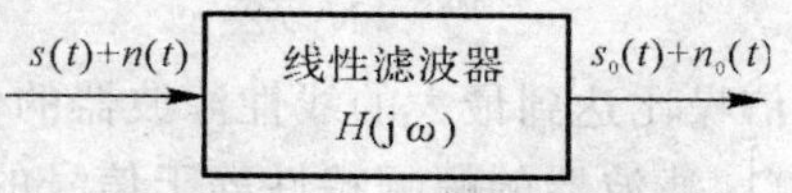

图 6-2-2　线性滤波器

令滤波器的输出 $y(t)=s_0(t)+n_0(t)$，其中 $s_0(t)$ 和 $n_0(t)$ 分别是滤波器对应于 $s(t)$ 和 $n(t)$ 的输出。下面使用最大信噪比准则推导最佳匹配滤波器的传递函数 $H(\mathrm{j}\omega)$。

一方面，令 $s(t)\leftrightarrow s(\omega)$ 和 $s_0(t)\leftrightarrow s_0(\omega)$ 是两个 Fourier 变换对，并注意到 $s_0(\omega)=s(\omega)H(\mathrm{j}\omega)$，则有

$$s_0(t)=\frac{1}{2\pi}\int_{-\infty}^{\infty}s_0(\omega)\mathrm{e}^{\mathrm{j}\omega t}\mathrm{d}\omega=\frac{1}{2\pi}\int_{-\infty}^{\infty}s(\omega)H(\mathrm{j}\omega)\mathrm{e}^{\mathrm{j}\omega t}\mathrm{d}\omega \qquad (6-2-1)$$

于是，滤波器信号 $s_0(t)$ 的瞬时功率为

$$|s_0(t)|^2=\left|\frac{1}{2\pi}\int_{-\infty}^{\infty}s(\omega)H(\mathrm{j}\omega)\mathrm{e}^{\mathrm{j}\omega t}\mathrm{d}\omega\right|^2 \qquad (6-2-2)$$

另一方面，注意到滤波器输出噪声 $n_0(t)$ 的功率谱密度 $P_{n0}(\omega)=|H(\mathrm{j}\omega)|^2\frac{N_0}{2}$，容易求得输出噪声的平均功率为

$$E\{n_0^{\ 2}(t)\}=\frac{1}{2\pi}\int_{-\infty}^{\infty}P_{n0}(\omega)\mathrm{d}\omega=\frac{1}{4\pi}\int_{-\infty}^{\infty}|H(\mathrm{j}\omega)|^2\mathrm{d}\omega \qquad (6-2-3)$$

因此，滤波器在 $t=t_0$ 时刻的输出信噪比为

$$\rho=\frac{|s_0(t_0)|^2}{E\{n_0^2(t_0)\}}=\frac{\left|\frac{1}{2\pi}\int_{-\infty}^{\infty}s(\omega)H(\mathrm{j}\omega)\mathrm{e}^{\mathrm{j}\omega t_0}\mathrm{d}\omega\right|^2}{\frac{N_0}{4\pi}\int_{-\infty}^{\infty}|H(\mathrm{j}\omega)|^2\mathrm{d}\omega} \qquad (6-2-4)$$

根据 Schwartz 不等式知，若 $F_1(\omega)$ 和 $F_2(\omega)$ 为复函数，则

$$\left|\int_{-\infty}^{\infty}F_1(\omega)F_2(\omega)\mathrm{d}\omega\right|^2\leqslant\int_{-\infty}^{\infty}|F_1(\omega)|^2\mathrm{d}\omega+\int_{-\infty}^{\infty}|F_2(\omega)|^2\mathrm{d}\omega \qquad (6-2-5)$$

当且仅当 $F_1(\omega)=cF_2(\omega)$（c 是已任意常数）时等式成立。

对于式(6-2-1)的分子部分，令 $F_1(\omega)=H(\mathrm{j}\omega)$ 和 $F_2(\omega)=s(\omega)\mathrm{e}^{\mathrm{j}\omega t_0}$，利用 Schwartz 不等式，并注意到 $|\mathrm{e}^{\mathrm{j}\omega t_0}|=1$，则有

$$\left|\int_{-\infty}^{\infty}s(\omega)H(\mathrm{j}\omega)\mathrm{e}^{\mathrm{j}\omega t_0}\mathrm{d}\omega\right|^2\leqslant\int_{-\infty}^{\infty}|H(\mathrm{j}\omega)|^2\mathrm{d}\omega\int_{-\infty}^{\infty}|s(\omega)|^2\mathrm{d}\omega \qquad (6-2-6)$$

将式(6-2-6)带入式(6-2-4)，即有

$$\rho=\frac{|s_0(t_0)|^2}{E\{n_0^{\ 2}(t_0)\}}\leqslant\frac{\frac{1}{4\pi^2}\int_{-\infty}^{\infty}|H(\mathrm{j}\omega)|^2\mathrm{d}\omega\int_{-\infty}^{\infty}|s(\omega)|^2\mathrm{d}\omega}{\frac{N_0}{4\pi}\int_{-\infty}^{\infty}|H(\mathrm{j}\omega)|^2\mathrm{d}\omega}=\frac{E}{N_0/2} \qquad (6-2-7)$$

式中
$$E=\frac{1}{2\pi}\int_{-\infty}^{\infty}|s(\omega)|^2\mathrm{d}\omega$$
是信号 $s(t)$ 的能量。式(6-2-7)取等号的条件是
$$H(\mathrm{j}\omega)=cs(\omega)\mathrm{e}^{-\mathrm{j}\omega t_0} \qquad (6-2-8)$$

此时，输出信号的最大信噪比为
$$\rho_{\max}=\frac{E}{N_0/2}$$

式(6-2-8)就是使输出信噪比达到最大的线性滤波器的传递函数，c 通常取 1，此时由式(6-2-4)知 $|H(\mathrm{j}\omega)|=|s(\omega)|$，滤波器的幅频特性等于信号的幅频特性，二者相匹配。

从某种意义来说，匹配滤波器是最优的侦测器，它具有的相干信号处理过程因此可以解调信号。处理增益与样本数目 N 呈线性关系：$\mathrm{SNR}_{\mathrm{out}}=N\cdot\mathrm{SNR}_{\mathrm{in}}$。但其实现复杂，因为对于认知无线电而言，针对每个主要用户接收机都需要一个单独的匹配滤波器。

二、能量检测

能量检测法是一种比较简单的信号检测方法，属于信号的非相干检测，直接对时域信号采样值求模，然后平方即可得到；或利用 FFT 转换到频域，然后对频域信号求模平方也可得到。它的另外一个优点是无须知道检测信号的任何先验知识。

能量检测方法是在一定频带范围作能量积累，如果积累的能量高于一定的门限，则说明有信号存在；如果低于一定的门限，则说明仅有噪声。能量检测的出发点是信号加噪声的能量大于噪声的能量。能量检测方法对信号没有作任何假设，是一种盲检算法。这是能量检测器的优点也是它的缺点，优点是对任何信号适用，缺点是除了给出信号的大致频带外不能给出较为精确信号的参数，为侦察的下一步服务。应用采样定理，在加性白噪声下的信号检测问题可以简化为对独立高斯变量和的概率分布的分析。当仅有噪声时，统计量是服从自由度为 2 倍时宽带积的卡方分布：当是信号加噪声时，统计量服从非中心的卡方分布，该分布的自由度仍然是 2 倍时宽带宽积，非中心系数等于信号的能量比上双边带噪声功率谱。在上述两种情况的统计分布均已得出的情况下，就可以得到该方法的检测性能。对于非中心的卡方分布在大时宽带宽条件下可以简化成中心卡方分布的方法，而且在大的时宽带宽下，两种分布都可以近似成高斯分布，从而更方便地给出检测的性能。

互相关能量检测器是为了克服能量检测器对噪声功率敏感而发展出来的一种检测器。该检测器以两个阵元来获得一些检测性能上的提高，并且对噪声的敏感程度要小。

能量检测方法将输入信号首先通过一个带宽为 W 的带通滤波器，取出感兴趣的频段，然后进行平方运算，通过积分器对一时间段 T 内进行积累。检测框图如图 6-2-3 所示。

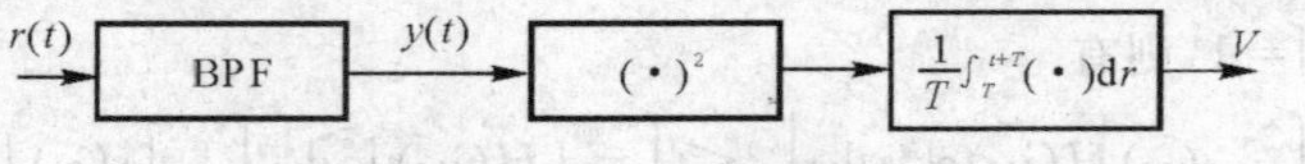

图 6-2-3　能量检测器原理图

能量检测的出发点很简单，信号加噪声的能量大于噪声的能量，即
$$E\{(s(t)+n(t))^2\}=E\{s(t)^2\}+E\{n(t)^2\}>E\{n(t)^2\} \qquad (6-2-9)$$

其中假定了信号与噪声相互独立，并且噪声是零均值的。这里用的是功率，再积分就是能

量了。如果积累的能量大于一定的门限，就说明在该频带存在信号，否则仅存在噪声。

对检测器的性能进行分析需要确定统计量的分布，先假设：

(1) 噪声 $n(t)$ 是零均值的高斯白噪声，其双边带功率谱密度是 N_0，噪声的带宽是 W。

(2) 信号 $s(t)$ 与噪声不相关，即 $E\{s(t)n(t)\}=0$。

将带通信号或低通信号进行 Nyquist 采样，由于假设噪声是有平坦功率谱的高斯白噪声，经过采样后各采样点是相互独立的，采样前的连续信号可以由这些采样点表示。这样输出可近似为多个独立的高斯变量的和，只是在有信号时各变量不是零均值的，而在无信号时是零均值的。由于信号是有限长的，其在频谱上是无限宽的，故这种方法存在误差。通常带外的信号能量可以忽略，可以得到很好的近似。

取统计量为

$$V'=\frac{1}{N_0}\int_0^t y(t)\mathrm{d}t \tag{6-2-10}$$

它是积分后真实统计量的一个线性函数，这样有利于分析。一个持续为 T，带宽为 W 的信号可以由 $2TW$ 个采样点来表示。对低通的情况，以 $2W$ 的频率采样，采样时间为 T，就可以得到 $2TW$ 个采样点。带通的情况可以等效为低通分析，故只分析低通信号。

低通情况下的噪声可表示为

$$n(t)=\sum_{i=-\infty}^{\infty}a_i\sin\pi c(2W_t-i) \tag{6-2-11}$$

其中 $\sin c(x)=\dfrac{\sin\pi x}{\pi x}$，$a_i=n\left(\dfrac{i}{2W}\right)$ 是采样点。很明显，a_i 是均值为零、方差为 $\sigma_i^2=2N_0W$ 的高斯随机变量。利用公式

$$\int_{-\infty}^{\infty}\sin c(2Wt-i)\sin c(2Wt-k)\mathrm{d}t=\begin{cases}0, & i\neq k\\ 1/2W, & i=k\end{cases} \tag{6-2-12}$$

于是

$$\int_{-\infty}^{\infty}n^2(t)=1/(2W)\sum_{i=-\infty}^{\infty}a_i^2 \tag{6-2-13}$$

在时间$(0,T)$上，$n(t)$ 可近似为 $2TW$ 项的和，即

$$n(t)=\sum_{i=1}^{2WT}a_i\sin c(2Wt-i)\qquad 0<i<T \tag{6-2-14}$$

因此，在$(0,T)$上的能量可表示如下：

$$\int_0^i n^2(t)\mathrm{d}t=(1/2W)\sum_{i=1}^{2TW}a_i^2 \tag{6-2-15}$$

令

$$b_i=a_i/\sqrt{2WN_0}$$

则统计量 V' 在 H_0 假设下可以写成

$$V'=\frac{1}{N_0}\int_0^i n^2(t)\mathrm{d}t=\sum_{i=1}^{2TW}b_i^2 \tag{6-2-16}$$

故 V' 是 $2TW$ 个零均值、单位方差的高斯随机变量的平方和，即 V' 是 $2TW$ 个自由度的服从卡方分布的随机变量。

当输入仅有信号 $s(t)$ 时，用同样的分析方法，可得

$$s(t)=\sum_{i=1}^{2TW}a_i\operatorname{sinc}(2Wt-i) \tag{6-2-17}$$

其中
$$a_i=s\left(\frac{i}{2W}\right)$$

$$\int_0^i s^2(t)\mathrm{d}t=1/(2W)\sum_{i=1}^{2TW}a_i^2 \tag{6-2-18}$$

定义
$$\beta_i=a_i/\sqrt{2WN_0} \tag{6-2-19}$$

于是
$$\frac{1}{N_0}\int_0^i s^2(t)\mathrm{d}t=\sum_{i=1}^{2TW}\beta_i^2 \tag{6-2-20}$$

在输入是信号加噪声的情况下，信号与噪声相互独立，则
$$y(t)=\sum_{i=1}^{2TW}(a_i+\alpha_i)\sin c(2Wt-i) \tag{6-2-21}$$

$y(t)$ 在$(0,T)$上的能量可近似为
$$\int_0^i y^2(t)\mathrm{d}t=1/(2W)\sum_{i=1}^{2TW}(a_i+\alpha_i)^2 \tag{6-2-22}$$

在 H_1 下，统计量
$$V'=\frac{1}{N_0}\int_0^i y^2(t)\mathrm{d}t=\sum_{i=1}^{2TW}(b_i+\beta_i)^2 \tag{6-2-23}$$

此时，统计量 V' 是有 $2TW$ 个自由度的非中心卡方分布，非中心系数 λ 为
$$\lambda=\sum_{i=1}^{2TW}\beta_i^2=\frac{1}{N_0}\int_0^i s^2(t)\mathrm{d}t=\frac{E_s}{N_0} \tag{6-2-24}$$

在确定了统计量的概率分布后，就可以得到能量检测方法的检测概率和虚警概率为
$$\left.\begin{aligned}P_{fa}=P\{V'>V'_T\mid H_0\}=P\{\chi_{2TW}^2>V'_T\}\\P_d=P\{V'>V'_T\mid H_1\}=P\{\chi'^2_{2TW}>V'_T\}\end{aligned}\right\} \tag{6-2-25}$$

在大的时宽带宽积($TW>125$)的条件下，由于采样后的点数很多且相互独立，由中心极限定理可得，这时的分布可以由正态分布近似。求出归一化的统计量 V 的均值和方差就可以得到它的分布。由于在仅有噪声的 H_0 假设下，统计量 V 由 $2TW$ 个独立的高斯随机变量的平方和组成，均值和方差如下：

$$\left.\begin{aligned}\mu_0=E\{V'\}=E\left\{\sum_{i=1}^{2TW}b_i^2\right\}=2TW\\\sigma_0^2=\operatorname{var}(V')=\operatorname{var}\left\{\sum_{i=1}^{2TW}b_i^2\right\}=4TW\end{aligned}\right\} \tag{6-2-26}$$

统计量 V' 服从$(2TW,4TW)$的高斯分布。

在信息加噪声的 H_1 假设下，可得
$$\mu_1=E\{V'\}=E\left\{\sum_{i=1}^{2TW}(b_i+\beta_i)^2\right\}=E\left\{\sum_{i=1}^{2TW}b_i^2\right\}+E\left\{\sum_{i=1}^{2TW}\beta_i^2\right\}=2TW+\lambda \tag{6-2-27}$$

其中用到了 b_i 和 β_i 的不相关性。同时还可以证明：

$$\sigma_i^2 = \mathrm{var}\ \{V'\} = 4TW + \lambda \tag{6-2-28}$$

此时统计量 V' 服从 $N(2TW+\lambda, 4TW+\lambda)$ 的高斯分布。设门限为 K，则虚警概率为

$$P_{fa} = Q\left(\frac{K-\mu_0}{\sigma_0}\right) \tag{6-2-29}$$

检测概率为

$$P_d = Q\left(\frac{K-\mu_1}{\sigma_1}\right) \tag{6-2-30}$$

其中

$$Q(x) = \frac{1}{\sqrt{2\pi}}\int_x^{\infty} \mathrm{e}^{-y^2/2}\,\mathrm{d}y \tag{6-2-31}$$

能量检测是一个次优的侦测器，它不具有相干信号处理能力。其处理增益为 $\mathrm{SNR_{out}} = N \cdot \mathrm{SNR_{in}^2}$，由此可见，在 $\mathrm{SNR_{in}}$ 值非常小的情况下，其信号较匹配滤波方法差，通过比较能量检测的输出和一个依赖于估计的噪声功率的值来侦测信号。这样即使一个非常小的噪声功率估计偏差都会造成能量检测性能的急剧下降。在低 SNR 情况下，能量检测完全侦测不到弱信号。即使其实现简单，但要准确评估 RF 发射机的噪声功率是非常困难的。实际上这需要噪声指数的校准以及多频率 RF 前端在整个频率范围的增益。

三、周期平稳过程特征检测

周期平稳过程特征检测可以提取出调制信号的特有特征，如正弦载波、符号速率以及调制类型等。这些特性均通过分析频谱相关性函数来侦测，频谱相关性函数为二维变换，相比而言，功率频谱密度为一维变换。频谱相关性函数的主要优势是它可从调制信号功率中区别中噪声能量，前提是该噪声为不相干广义平稳信号，而调制信号是在信号周期中插入冗余后形成的周期平稳且频谱相干的。由于周期平稳过程特征检测对未知噪声变量的鲁棒性使得其在区分噪声方面较能量侦测好，其实现复杂度增加了 N^2，因为它需要计算 N 个 FFT 输出的相互相干性。相比之下能量检测只需计算 N 个 FFT 输出。

对于一个零均值的离散时间信号 $x(n)$ 而言，如果它的自相关函数 $R_x(n,k)$ 的周期是 P，就说 $x(n)$ 是循环稳态的，例如：

$$R_x(n,k) = E[x(n)x^*(k)] = R_x(n+P, k+P) \tag{6-2-32}$$

定义循环自相关函数 CAF(Cyclic Autocorrelation Function) 为

$$R_x^a(k) = \lim_{N\to\infty}\frac{1}{2N+1}\sum_{n=-N}^{N}\left[x(n+k)\mathrm{e}^{-\mathrm{j}\pi a(n+k)}\right]\cdot\left[x(n)\mathrm{e}^{\mathrm{j}\pi an}\right]^* \tag{6-2-33}$$

对 CAF 进行离散傅里叶变换，就得到循环功率谱密度 CSD(Cyclic Spectrum Density)，它也叫相关函数谱，即

$$s_x^a(f) = \sum_{k=-\infty}^{\infty} R_x^a(k)\mathrm{e}^{-\mathrm{j}2\pi fk} \tag{6-2-34}$$

其中参数 a 叫做循环频率，每个循环频率都是信号持续时间 T 的整数倍。当 $a=0$ 时，CAF 和 CSD 就是通常所说的自相关函数和功率谱密度。不同的信号具有不同的循环功率谱，可以利用此特性来检测输入信息。其判决方法如下所示：

$$s_x^a(f)=\begin{cases}S_n^0(f), \quad a=0 \quad 有信号 \\ |H(f)|^2 S_x^0(f)+S_n^0(f), \quad a=0 \quad 有信号 \\ 0, \quad a\neq 0 \quad 无信号 \\ H\left(f+\dfrac{a}{2}\right)H^*\left(f-\dfrac{a}{2}\right)s_s a(f), \quad a\neq 0 \quad 无信号\end{cases} \tag{6-3-35}$$

其中 $H(f)$ 为信道冲激响应 $h(k)$ 的傅里叶变换，$S_n^0(f)$ 是 $a=0$ 时信道中没有信号（只有噪声情况下）的功率谱密度，$S_x^a(f)$ 是被检测到的信号的循环功率谱密度，而 $S_s^a(f)$ 是要检测的输入信号的循环功率谱密度。由于在实际系统中，一般并不知道信道的冲激响应，所以也就无法计算出 $H\left(f+\dfrac{a}{2}\right)H^*\left(f-\dfrac{a}{2}\right)S_s(f)$ 的值，但可以自己设定一个门限来判决，这与能量检测法是一样的，其实能量检测法是该方法的一个特例，此时 $a=0$。当 $a\neq 0$ 时，该方法有很高的抗噪声性能，因为在式(6-3-35)中，等式右边的值与噪声无关，噪声的循环功率谱密度为0。

第三节 频谱接入技术

为了解决频谱资源的日益紧张和目前固定分配频谱利用率较低的矛盾，就要求找到更有效的方法来充分感知和利用无线频谱资源。基本途径有两条：其一，提高频谱利用率，将已授权用户的频谱资源充分利用，减少浪费；其二，提高系统通信效率，将已获得的频率资源和其他资源综合优化分配，进而提高利用率。

一、频谱效率

在许多实际应用中，都要求在一些非线性信道或者衰落信道上进行数字传输，因此实际当中经常采用较为简单的 PSK 和 FSK 等连续包络调制方式。为了更好地利用频率资源就引导了对一些频谱效率更高的调制方式的探索。频谱效率是指每赫兹(Hz)带宽系统所能支撑的最大传信率（每秒钟所传输的比特数）。研究结果表明通过平滑载波信号的相位变化可以减少连续包络数字调制信号的带宽，即通过一个平滑滤波器来完成相位波形的形成，于是便提出了连续相位调制。

1. 连续相位调制

这里首先从给 CPM 信号的一个较为简单的特例——CPFSK 的定义，引出 CPM 信号的定义。

常规 FSK 信号是由载波频移产生的，频移量 $f_n=\dfrac{1}{2}\Delta f I_n(I_n=\pm1,\pm3,\cdots,\pm(M-1))$，它反映要发送的数字信息。这种类型的 FSK 是无记忆的。从一个频率到另一个频率的切换的实现方法是使用 $M=2^k$ 个调谐到期望频率的振荡器，再从 M 个频率中根据发送的信息选择一个频率。然而，在连续的信号传输时间间隔中，这种从一个振荡器到另一个振荡器的突然切换会造成频谱的泄漏。因此，用这种方式传输信号需要较宽的频带。

为了避免使用具有较大频谱旁瓣的信号，携带信息的符号可以调制单一的载波。因为该载波的频率是连续变化的，所以得到的频率调制信号也是相位连续的，因此称之为连续相位

FSK(CPFSK)。这种类型的 FSK 是有记忆的，因为载波相位限定是连续的。

CPFSK 调制信号 $s(t,\vec{I})$ 可以表示为

$$s(t,\vec{I})=\sqrt{\frac{2\varepsilon}{T}}\cos\left[2\pi f_c t+\phi(t,\vec{I})+\phi_0\right]$$

式中，$\phi(t,\vec{I})$ 表示载波的时变相位，如果此参量被输入信号调制时可定义为

$$\phi(t,\vec{I})=2\pi\sum_{k=-\infty}^{n}I_k h_k q(t-kT)\quad (nT\leqslant t\leqslant(n+1)T)$$

式中，$\{I_k\}$ 是由符号表 $\pm1,\pm3,\cdots,\pm(M-1)$ 中选出的 M 元信息符号序列；$\{h_k\}$ 是调制指数序列；$q(t)$ 是某个归一化波形。

由 CPM 信号的表达式可知，实现 CPM 调制信号主要在于由发送的 M 进制符号序列 $\vec{I}$ 求出连续的相位函数 $\phi(t,\vec{I})$，选择适当的相位脉冲可以得到平滑的相位轨迹。由携带符号序列信息的相位函数 $\phi(t,\vec{I}$，实现 CPM 信号是相对容易实现的。CPM 调制原理框图如图6-3-1 所示。

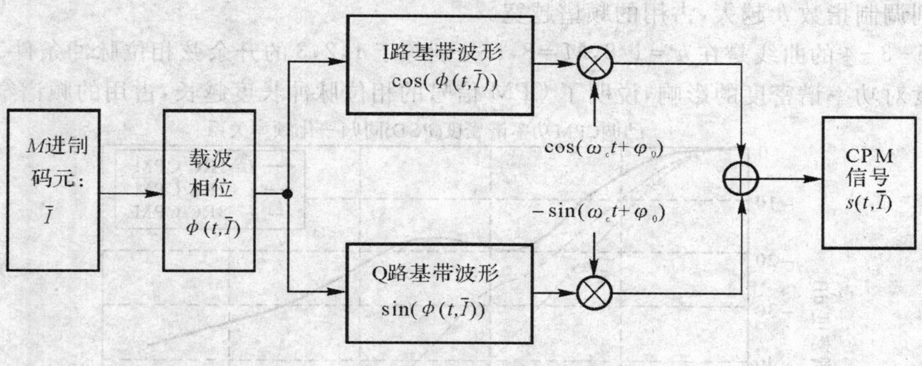

图 6-3-1 M 进制 CPFSK 调制框图

在大多数的数字通信系统中，可获得的信道带宽是有限的，因此对数字调制信号的频谱分析是非常重要的。根据功率谱密度，就能确定用来发送携带信息的信号所需要的带宽。CPM 信号的功率谱密度为

$$\Phi_{vv}(f)=2\mathrm{Re}\left[\int_0^{LT}\overline{\phi_{vv}}(\tau)\,\mathrm{e}^{-\mathrm{j}2\pi f\tau}\mathrm{d}\tau+\frac{1}{1-\Psi(\mathrm{j}h)\,\mathrm{e}^{-\mathrm{j}2\pi fT}}\int_{LT}^{(L+1)T}\overline{\phi_{vv}}(\tau)\,\mathrm{e}^{-\mathrm{j}2\pi f\tau}\mathrm{d}\tau\right]\tag{6-3-1}$$

一般来说，CPM 信号占用的带宽取决于调制指数 h、脉冲形状 $g(t)$ 和信号的数目 M。小 h 值导致 CPM 信号占用带宽较小，大 h 值导致 CPM 信号占用带宽大。采用平滑的脉冲（例如：升余弦脉冲）、部分响应（$L>1$），也能导致 CPM 信号占用较小的带宽而得到更大的带宽效率，而且 CPM 信号的部分带外功率也较小。

图 6-3-2 说明了当 $h=1/2$ 时具有不同部分响应的升余弦 LRC 脉冲的二进制 CPM 功率谱密度。为对比起见，虚线表示的是调制指数等于 0.5 的二进制 CPFSK，即 MSK 的频谱。可以看出：当 L 增加时，升余弦脉冲 $g(t)$ 更平滑，而且相应的信号频谱占用少。

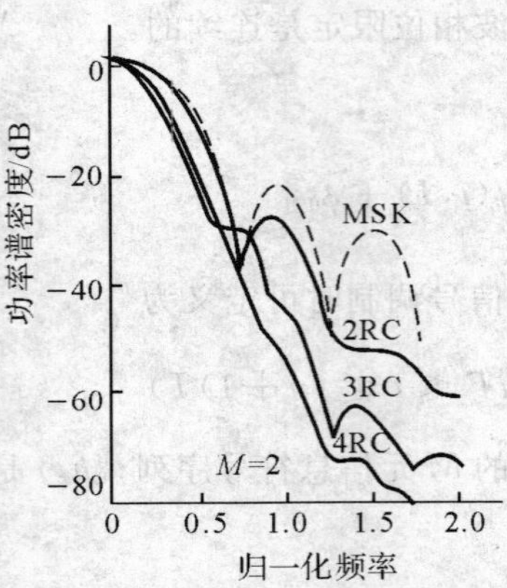

图 6-3-2　$h=1/2$ 的不同脉冲形状二进制 CPM 的功率密度谱

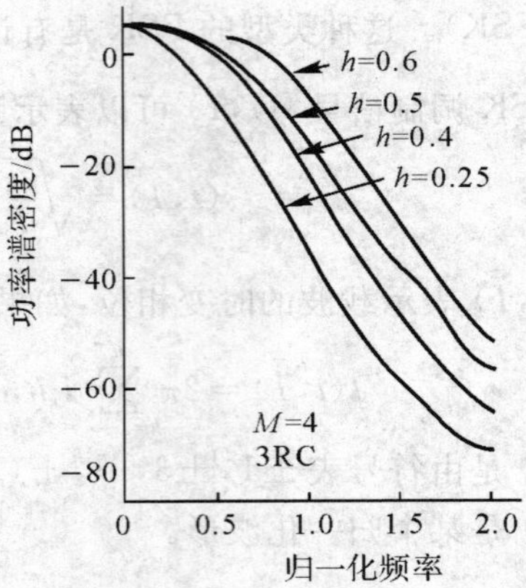

图 6-3-3　$M=4$,3RC 不同调制指数 h 的 CPM 功率密度谱

图 6-3-3 说明了改变 CPM 信号的调制指数 h 对频谱的影响。以 $M=4$ 的 3RC 为例。可以看到调制指数 h 越大,占用的频谱越宽。

图 6-3-4 的曲线是在 $h=1/8$,$M=8$,L 分别等于 1,2,3 的升余弦相位脉冲条件下得到的脉冲长度对功率谱密度的影响,说明了 CPM 信号的相位脉冲长度越长,占用的频谱窄。

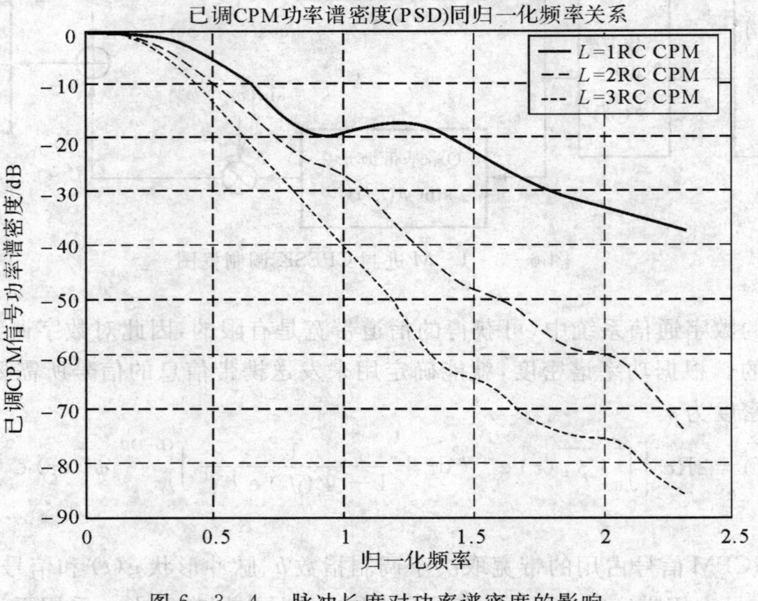

图 6-3-4　脉冲长度对功率谱密度的影响

为进一步使功率谱密度集中和减小邻道干扰,可在进行 MSK 调制前将矩形信号脉冲先通过一个高斯型的低通滤波器。这样的体制称为高斯最小频移键控(GMSK)。MSK,GMSK 和 QPSK 等信号的功率谱密度如图 6-3-5 所示,与 QPSK 和 OQPSK 信号相比,MSK 信号的功率谱密度更为集中,即其旁瓣下降得更快,故它对于相邻频道的干扰较小。

连续相位调制是一类包络恒定、相位连续的调制信号。由于包络恒定,它对功放的非线性特性不敏感;而相位连续,使得其带外辐射小,从而产生较小的邻道干扰。连续相位调制信号本身还具有一定的编码增益，这种编码增益是由解码器充分利用相位波形生成器的记忆特性而得到的。

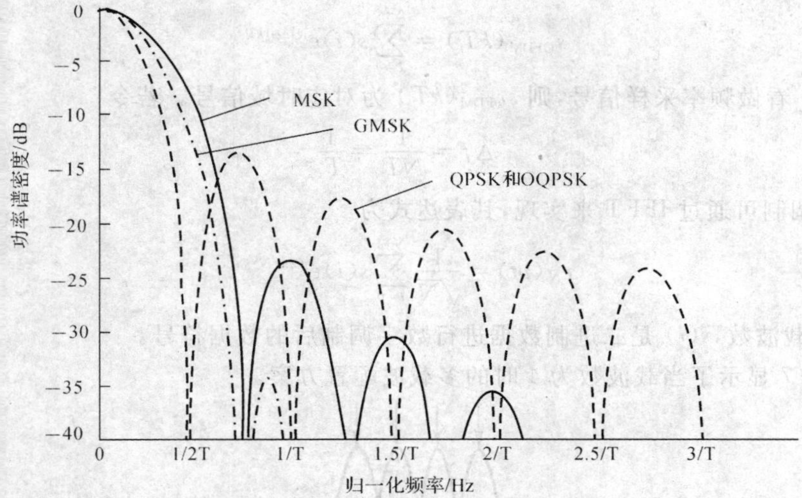

图 6-3-5 MSK，GMSK 和 QPSK 等信号的功率谱密度

在过去几年中，无线业务变得越来越重要，同时对更高网络容量和更高性能的需求不断增长。几种选择方式如更高带宽、优化的调制方式甚至代码复用系统实际上提高频谱效率的潜力有限。目前以 OFDM 和 MIMO 为代表的多载波多天线通信体系越来越受到重视。

2. 多载波频率复用技术

正交频分复用是一种特殊的多载波调制技术，它利用载波间的正交性进一步提高频谱利用率，且可抗窄带干扰和多径衰落。OFDM 技术的基本原理虽早已提出，但当时的器件水平限制了其应用。近几年随着技术和器件水平的发展，以及对高速和可靠传输的要求，OFDM 技术的应用越来越广泛。像欧洲的 DAB，DVB-T，日本的 ISDB-T，国际上的 802.11a，ADSL，VDSL 等标准都采用了 OFDM 技术，在无线宽带接入以及第 4 代移动通信中，OFDM 技术都将成为继 CDMA 技术之后的又一核心技术。

OFDM 通过多个正交的子载波将串行的数据并行传输，可以增大码元的宽度，减少单个码元占用的频带，抵抗多径引起的频率选择性衰落，可以有效克服码间串扰，降低系统对均衡技术的要求，适用于多径环境和衰落信道中的高速数据传输，而且信道利用率很高，这一点在频谱资源有限的无线环境中尤为重要。OFDM 传输系统的基本原理框图如图6-3-6 所示。

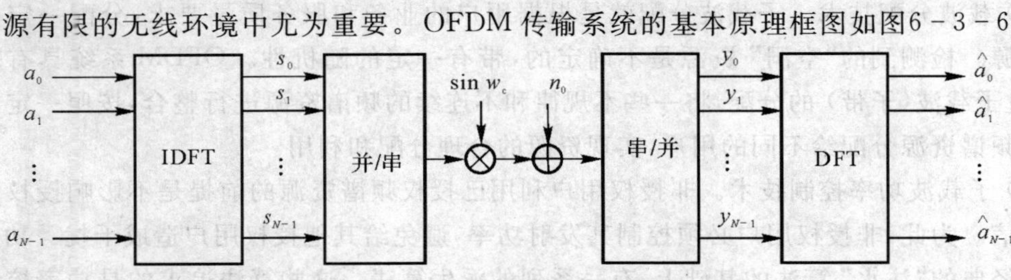

图 6-3-6 OFDM 原理图

OFDM 的基本思想是将串行的数据并行地调制在多个正交的子载波上，这样可降低每个子载波的码元速率，增大码元的符号周期，提高系统的抗衰落和干扰的能力，同时由于每个子

载波的正交性，频谱的利用率大大提高，所以非常适合移动场合中的高速传输。

OFDM 信号可表示为(基带)

$$s_{\text{OFDM}}(kT)=\sum_{i=0}^{N-1}s(i)\mathrm{e}^{\mathrm{j}(i\Delta\omega)kT} \tag{6-3-1}$$

若将 $s(i)$ 看做频率采样信号，则 $s_{\text{OFDM}}(kT)$ 为对应时域信号。若令

$$\Delta f=\frac{1}{NT}=\frac{1}{T_s} \tag{6-3-2}$$

OFDM 调制可通过 IFFT 来实现，其表达式为

$$x_N(m)=\frac{1}{\sqrt{N}}\sum_{i=0}^{N-1}s(i)\mathrm{e}^{\mathrm{j}(2\pi/N)im} \tag{6-3-3}$$

其中，N 为子载波数，$s(i)$ 是二进制数据进行数字调制后的数据符号。

图 6-3-7 显示了当载波数为 4 时的多载波配置方案。

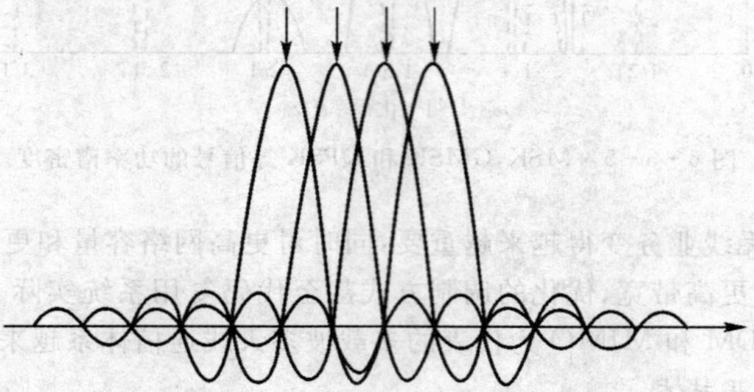

图 6-3-7　OFDM 多载波配置方案

OFDM 信号的产生是基于快速傅里叶变换实现的，输入信息速率为 R_b 的二进制数据序列先进行串并变换。根据 OFDM 符号间隔 T_s，将其分成 $C=T_sR_b$ 个比特一组。这 C 个比特被分配到 N 个子信道上，经过编码后映射为 N 个复数子符号 X_k。

由于正交频分复用 OFDM 系统是目前公认的比较容易实现频谱资源控制的传输方式，该调制方式可以通过频率的组合或裁剪实现频谱资源的充分利用，可以灵活控制和分配频谱、时间、功率、空间等资源，自适应频谱资源分配的关键技术主要有：载波分配技术、子载波功率控制技术、复合自适应传输技术。

(1) 载波分配技术。子载波分配就是根据用户的业务和服务质量要求，分配一定数量的频率资源。检测到的“空洞”资源是不确定的，带有一定的随机性。OFDM 系统具有裁剪功能，通过子载波(子带)的分配，将一些不规律和不连续的频谱资源进行整合，按照一定的公平原则将频谱资源分配给不同的用户，实现资源的合理分配和利用。

(2) 子载波功率控制技术。非授权用户利用已授权频谱资源的前提是不影响授权用户的正常通信。为此，非授权用户必须控制其发射功率，避免给其他授权用户造成干扰。功率控制算法在经典的“注水”算法的基础上，有一系列的派生算法。这些算法追求的是功率控制的完备性和收敛性，既要不造成干扰又要有较好的通过率，且达到实时性的要求。事实上功率控制算法和子载波分配算法是密不可分的。这是因为在判断某子载波是否可以使用时，就要对其历史(授权状况)和现状(空间距离、衰落)做出判断，同时还需要计算出可分配的功率大小。

(3)复合自适应传输技术。该技术将OFDM和认知无线电思想以及一系列自适应传输技术结合,从而达到无线电资源的合理分配和充分利用。为了寻求保证服务质量和最大通过率下的最佳工作状态,需综合应用动态子载波分配技术、自适应子载波的功率分配技术、自适应调制解调技术以及自适应编码技术等一系列自适应技术,形成优化的自适应算法。根据子载波的干扰温度,通过自适应地调整通信终端的工作参数,从而达到最佳工作状态。设计合理的自适应传输技术可以大幅提高频谱资源利用率和通信性能。

3. 多天线技术

多输入多输出(MIMO)系统能极大地改善频谱效率,因此MIMO将在很多未来的无线通信系统中扮演重要角色。MIMO系统利用来自一个信道的多个输入和多个输出。这些系统是用空间分集和空间复用定义的。空间分集分为Rx和Tx分集。信号的副本从另外一个天线发送或在多个天线处接收。采用空间复用,系统能在一个频率上同时传输一个以上的空间数据流。MIMO是在802.11n,802.16-2004和802.16e以及3GPP中制定的。包含MIMO的更新的标准是IEEE802.20和802.22。MIMO容量随着天线的数量呈线性增加。不对称的天线星座分布(例如1×2或2×1)被称为接收或发送分集。在这些情况下容量随天线的数量呈对数形式的增长。MIMO技术体系如图6-3-8所示。

(1)空间复用。通过一个以上的天线发送多组数据流称为空间复用。有两种类型必须考虑。

第一种类型为V-BLAST(Vertical-Bell Labs Layered Space-Time),它发送空间未编码的数据流,不需要考虑在接收器上对信号进行均衡处理。

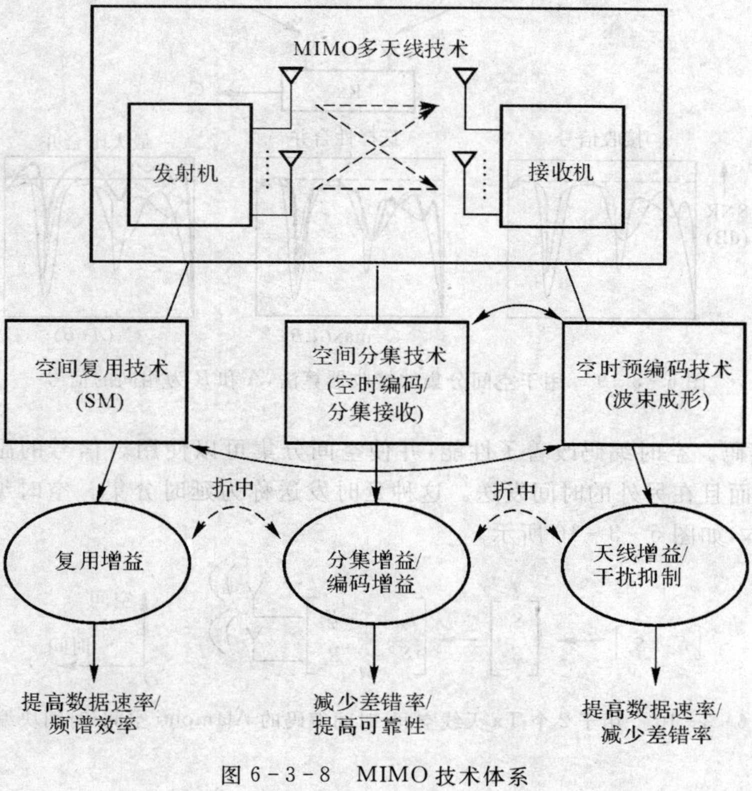

图6-3-8　MIMO技术体系

第二种类型是通过空间-时间编码实现的。与 V-BLAST 相比,空间-时间编码提供正交编码方式,因此是独立的数据流。V-BLAST 方法不能分离数据流,因此会出现多个数据流的干扰(MSI)。这会使传输变得不稳定,而前向错误编码并不总是能解决这个问题。空间-时间编码信号的检测基于一种简单的线性处理,并获得合理的结果。空间复用的优势是,容量的增加与发送天线的数量线性相关。

(2) 空间分集。空间复用可以提供更高的容量,但是信号质量并无改善。空间复用不仅没有提高信号质量,反而使信号质量降低了。空间分集能改善信号质量,并在接收端达到更高的信噪比。特别是在广大的网络区域,空间复用技术达到了自身的极限。网络环境越大,信号强度就必须越高。

分集原理依赖于结构化冗余的传输。这种冗余可以在任何时间,从任何天线、通过任何频率,或者以任何极化方式传输。而目前在 MIMO 技术中并没有考虑后一种方法。必须考虑两种空间分集:①Tx 分集,一个信号的副本从另外一个天线发送(例如 2×1);②Rx 分集,接收到的信号进行多次评估(例如 2×1)。第一种可以与单声道和立体声信号相比。如果是立体声信号,人耳可以感受到更好的声音效果。第二种分集类似于两只耳朵,所听到的效果比单只耳朵更好。

为利用 Tx 分集,可以采用所谓的 Alamouti 空间-时间编码。它可以获得完全的分集,只使用一个接收天线。通过采用比发送天线更多的接收天线和一种合适的组合算法,可以使用 Rx 分集。交换组合或最大定量组合是两个算法的例子。如果信道矩阵已知,这些算法与分集类型无关。用于空间分集的接收器算法如图 6-3-9 所示。通过近场空间复用和远场空间分集,可以实现无线通信系统的最佳性能和覆盖范围。

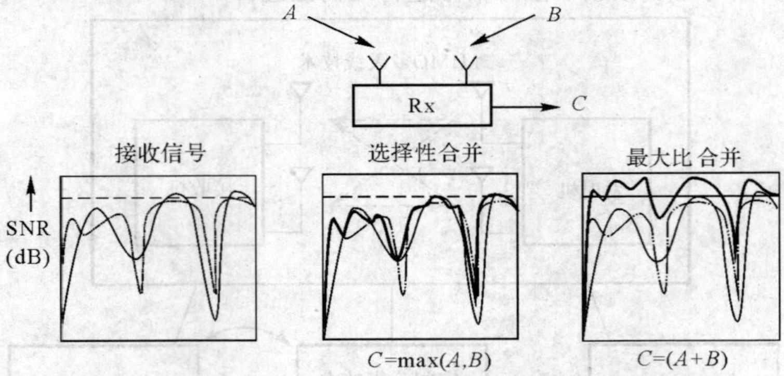

图 6-3-9 用于空间分集的接收器算法,A 和 B 为相同的信号

(3) 空时编码。空时编码改善了性能,并使空间分集可以使用。信号的副本不仅从另外一个天线发送,而且在另外的时间发送。这种延时发送称为延时分集。空时编码结合了空间和时间信号副本,如图 6-3-10 所示。

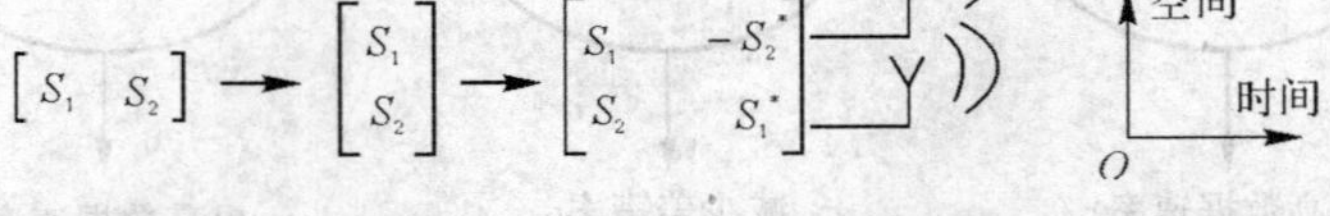

图 6-3-10 用于 2 个 Tx 天线空间-时间编码的 Alamouti 空间-时间块编码

信号 s_1 和 s_2 在两个数据链中复用。之后，加入一个信号复制来产生 Alamouti 空间-时间块编码。空间-时间编码可以用两种不同的方法设计：① 空间-时间块编码(STBC)，2 个发送天线＝Alamouti 编码，见图 6－3－10；② 终态状态机(FSM) 产生空间-时间 Trellis 编码(STTC)。第一种编码是获得空间分集的最简单方法，得到了广泛的应用。目前第二种编码更复杂并且昂贵。对于超过两个天线的情况，几种伪 Alamouti 编码(见图 6－3－11) 为

$$S_{32}=\begin{bmatrix} s_1 & -s_2^* \\ s_2 & s_1^* \\ s_3 & s_4 \end{bmatrix},\quad S_{42}=\begin{bmatrix} s_1 & -s_2^* \\ s_2 & s_1^* \\ s_3 & s_4^* \\ s_4 & s_3^* \end{bmatrix},\quad S_{43}=\begin{bmatrix} s_1 & -s_2^* \\ s_2 & s_1^* \\ s_3 & s_4^* \\ s_3 & s_6 \end{bmatrix}$$

图 6－3－11　发送天线数大于 2 的复合 Alamouti 编码

图 6－3－11 中的编码指数首先与天线的数量有关，其次与空间数据流的数量相关。除了 S_{42}，这些编码不能获得完全分集，并且四个数据流只能通过空间复用实现，没有任何空间分集。图 6－3－12 中的编码基于实际的空间-时间块编码设计，并产生具有完全空间复用的完全分集。

$$S_{33}=\begin{bmatrix} s_1 & -s_2 & -s_3 & -s_4 & s_1^* & -s_2^* & -s_3^* & -s_4^* \\ s_2 & s_1 & s_4 & -s_3 & s_2^* & s_1^* & s_4^* & -s_3^* \\ s_3 & s_4 & s_1 & -s_2 & s_3^* & s_4^* & s_1^* & -s_2^* \end{bmatrix}$$

图 6－3－12　Tx 天线数为 3 的空间-时间块编码

这种编码的问题是码率。码率是所使用信号与传输所需要时间的比值。上面的编码具有 1/2 的码率。Vahid Tarokh 开发了一种优化的空间-时间块编码，用于将码率增加到 3/4。这种准正交 STBC(见图 6－3－13) 很有效，但是允许一定的符号间干扰(ISI)。

$$S_{33}=\begin{bmatrix} s_1 & -s_2^* & \frac{s_3^*}{\sqrt{2}} & \frac{s_3^*}{\sqrt{2}} \\ s_2 & s_1^* & \frac{s_3^*}{\sqrt{2}} & \frac{s_3^*}{\sqrt{2}} \\ \frac{s_3}{\sqrt{2}} & \frac{s_3}{\sqrt{2}} & \frac{(-s_1-s_1^*+s_2-s_2^*)}{2} & \frac{(s_1+s_1^*+s_2-s_2^*)}{2} \end{bmatrix}$$

图 6－3－13　Tx 天线数为 3 的优化的空间-时间块编码

尽管存在符号间干扰，误码率(BER) 依然在允许范围内。这些编码都不能用来获得像 Alamouti 那样的全码率。

空间数据流的数量不能超过现有天线的数量。注意空间分集和空间复用间的折中对于可靠和强大的 MIMO 系统很重要。在某些情况出现宏分集的概念。这种分集可以用在 MIMO 系统中，但是与这些系统无关。如果终端设备同时连接到多个基站，宏分集用于基站切换处理。用户终端从几个方向接收到相同的信号，并将所有的信号组合起来获得更高的 SNR。

4. MIMO 和 OFDM 的结合

MIMO 可以应用于所有的无线通信技术。然而，MIMO 和正交频分复用(OFDM)的结合具有更多优点：①OFDM 适合于无线系统中的多径传播。OFDM 帧的长度决定于保护间隙

(GI)。这个保护间隙限制最大路径延时,以及与延时相关的网络面积。MIMO 也适用于多径传播。②OFDM 是一种宽带系统,具有很多窄带子频段。数字 MIMO 信道模型基于窄带非频率选择性信道。OFDM 也支持这种信道。宽带系统的衰落效应通常只发生在特定的频率,与很少的子频带干扰。数据扩展到所有的频段,因此只有很少的数据位丢失,而这些丢失的数据位可以通过前向纠错(FEC)进行修补。OFDM 提供稳固的多径系统,适合于 MIMO。同时 OFDM 提供高的频谱效率,以及在几个子频段上空间-时间块编码在时域扩展的一定自由度。这就可以基于前面描述的原理得到一个更稳固的系统。

二、频谱共享

频谱共享也称为动态频谱接入、动态频谱管理、动态频谱分配和机会频谱接入等。简单地说,结合信道分配、功率控制、干扰避免和机会调度等频谱管理,主要目的在于发展一个自适应的策略来有效地利用射频频谱,实现频谱共享的最终目标。特别地,频谱共享的算法设计如下:通过无线射频环境感知实现频谱空穴检测,调节各个发射机功率输出,以适当的调制和编码策略选择最优的频段进行可靠的通信,自适应时变的无线射频环境,实现非授权用户与主用户之间以及非授权用户间的频谱共享。其思路是:通过对无线环境空闲频谱的检测,根据感知结果调节各个发射机功率输出,以适当的调制编码策略,或者调度顺序,选择最合适的频段进行可靠的通信,自适应时变的无线射频环境。所谓最合适的,也就是充分考虑满足频谱共享策略所追寻的最主要的目标前提下的最合适。这些目标主要有:①频谱利用率,②用户间公平性,③干扰的避免,④通信开销,⑤算法复杂度;实际设计的算法或者策略不可能满足上述所有条件,这在具体策略设计时将看到。频谱共享可以看做是涉及物理层和 MAC 层等跨层的媒体接入控制的问题。

频谱共享技术从带宽共享的角度分 3 个类别:按网络架构来分、按频谱分配行为来分、按频谱接入技术来分。

第一类:按架构来分——中心式频谱共享、分布式频谱共享.

中心式频谱共享——通过中心实体如基站或者网络接入点来控制分配和接入过程,实体拥有频谱分配图。

分布式频谱共享——不需要中心基础架构,每个认知用户根据局部频谱策略分配频谱和接入。

第二类:按接入行为来分——合作共享、非合作共享。对于这两种方案通过频谱利用率、公平性、吞吐量和实现复杂度等性能指标比较.

合作共享——考虑节点对其他节点的影响,共享对其他节点的干扰信息所有中心式基本上都是合作,但也有分布式合作方案。合作相比非合作的性能优越更接近于最优解,但是需要更多的信息和交互信息的花费。

非合作共享——与合作共享相比,只考虑节点自身的利益,假定节点是自私的,将导致频谱利用率降低,但节点之间拥有相对小的通信开销。

合作与非合作共享通常都对频谱利用、公平性和吞吐量等性能进行比较。

第三类:覆盖(Overlay)共享和平铺(Underlay)共享。

Overlay 覆盖共享——过去常采用的接入技术,节点接入网络的频谱没有被主用户使用,此时对主用户的干扰最小化。

Underlay 平铺共享——利用扩频技术，一旦获得相应的频谱分配图，在特定频段的节点竞争传输，其传输功率被主用户当做噪声。

可以中断概率的形式和三种频谱共享技术来考虑用户之间的频谱共享。

第一种为扩频方式(如 CDMA 或者 UWB 形式)；第二种为干扰避免的 Overlay 形式，如 OFDMA 等方式；第三种为混合方式。中断概率分别在假定无系统知识，完美系统知识和有限的系统知识的情况下推导出。频谱共享中加入干扰避免保证了比纯干扰避免更小的中断概率。另一个重要的问题是通过混合机制可以比纯干扰避免机制拥有更多用户数。协作导致更高的频谱利用率，但是花费也大，需要交互感知信息。

三、动态频谱接入

一般认为，在 xG 网络背景下讨论频谱共享技术与动态频谱接入技术是等同的。动态频谱接入(Dynamic Spectrum Access)有时也称为动态频谱管理(Dynamic Spectrum Management)，动态频谱分配(Dynamic Spectrum Allocation)和机会频谱接入(Opportunist Spectrum Access)等。

整个频谱被划分为不同带宽的频段后被各种用户使用，空白的部分表示某时刻未被使用的频谱，即空闲频谱。用户不断检测到空闲频谱，如果检测发现原来的频段被主用户占用后，它就按照前文所述的认知环步骤，再次开始感知空闲频谱、分析、接入的循环过程，这种动态利用频谱的方式称为“动态频谱接入”。

(1)动态专用模型(Dynamic Exclusive Use Model)：这个模型保持了现有频谱授权方式，但在频谱利用率上作了改进，以增加更多的灵活性。通过两种方法：一种方法是允许授权用户以盈利为目的售卖自己的频段；另外一种称为动态频谱分配，通过开发空间或时间的频谱分配来改善频谱效率。

(2)开放频谱共享模型(Open Sharing Model)：这种模型是受到无授权 ISM (例如 WiFi)的启发，开放频谱的使用权，没有授权用户。

(3)等级式接入模型(Hierarchical Access Model)：这种模型就是典型的主用户、次用户共存的情况。其基本思路是：允许次用户使用授权频段，前提是不影响主用户的正常通信。根据前提条件，不影响主用户通信，可以再细分为两种情况：

1)频谱重叠：即次用户与主用户占用相同的频段，这样带来的必然的干扰，必须保持在主用户可允许的干扰门限以下，次用户的发射功率必须严格控制，类似于 UWB 扩频的思想。

2)频谱不重叠：在频谱池的概念中，保证次用户与主用户不同时占用信道，于是对次用户的发射功率要求就放宽，却对次用户何时何地传输有严格的要求。它是直接意义上的充分开发时间、空间上的空闲频谱资源。

动态频谱接入方法根据二级用户的接入模型可分为：

基本动态频谱接入：二级用户每次在某授权用户的频谱上检测、传输。

窄带动态频谱接入：二级用户每次选择某授权用户的部分频谱检测、传输。比如，二级用户为无线传感器网络的迟入节点。

宽带动态频谱接入：二级用户每次在多个授权用户的频谱上检测、传输。比如，二级用户有较高带宽要求，且无线频段(如电视广播数字化后留出的空白频段)允许非授权用户接入。

动态频谱资源的辨识主要解决授权用户的检测工作，可分为空域检测和时域检测。

空域检测:授权用户信号的准确性、强度、信息完整度与可解码度。

时域检测:授权用户信号时效性、连续性、发射规律。

机会资源的利用程度主要取决于二级用户的传输策略、二级用户的链路层设计与性能、授权用户干扰限制约束、二级用户的链路建立与维持、二级用户的 MAC 机制和二级用户系统间的资源共享。

以上问题可归结为在资源总量动态变化的背景下,为了在一定程度上保证 QoS,如何进行资源管理与分配,是机会频谱接入需要考虑的问题。检测信道的选择策略将指向如何在给定时间内获得最多的信道资源,如果从具体实现方式来考虑,可归结于基于 OFDM 的宽带动态频谱接入中的发射功率分配与接受功率检测问题。

功率分配策略的根据是信道的状态信息。一种理想的链路自适应功率分配算法能够根据当前的信道环境调节各种各样的信号传输参数。自适应策略的基本原则是:

(1)定义一个信道质量指示变量,或称为信道状态信息,它提供有关信道的一些特征。

(2)根据时间、频率或者空间上的信道状态信息,来调整一些信号传输的参数。典型信道状态信息的表示有信噪比(SNR)或者载噪比(CNR)。自适应调制要求系统必须对信道的性能有及时和精确的了解,如果在差的信道上使用较强的调制方式,那么就会产生很高的误码率。OFDM 系统可以用导频信号或参考码字来测试信道的好坏。发送一个已知数据的码字,测出每条信道的信噪比,根据这个信噪比来确定最适合的调制方式。

自适应算法的前提是接收端必须知道自适应控制信息,发送端在传输业务之前也要了解各个子信道的质量状况。而在 OFDM 系统中子信道响应通常是通过对导频序列的计算而得到的。可以用导频信号或参考码字来测试信道的好坏。发送一个已知数据的码字,测出每条信道的信噪比,根据这个信噪比来确定最适合的调制方式。导频序列是发送端和接收端都已知的信号,接收端将导频信号解调并与已知的原始信号作比较以便确定信道的状况并能对传输信号进行纠正。系统还采用某种具有自相关性的码来调制导频序列,这样可以携带其他一些信息到接收端,如自适应信息等。显然,采用的导频序列越多,信道估计的精确度就越高。但是传输导频序列需要耗费系统资源,终端还要定期更新调制信息,这也会增加更多的开销比特,在实际传输时必须综合考虑。

自适应分配算法的前提均是:假设信道状况的估计已经完成,且估计结果精确。在获得准确的信道信息的基础上对 OFDM 系统进行自适应加载。

自适应比特分配算法可以按照系统传输要求、被优化的资源和所规定的限制条件来分类。在这里归纳优化分类的准则如下:

(1)在速率自适应算法中,大家感兴趣的是在总功率限制条件下,如何使总数据传输速率最大化,当然还要满足一定的误码率要求。即是在一定的误码率及性能容限下,调整功率分配,使得系统的比特率最大,这称之为最大比特率准则,或是称之为信道容量最大化准则。

(2)在一定的传输速率受限条件下,根据子信道的增益对子信道上加载的比特数进行自适应分配。在满足一定误码率(BER)性能要求下调整各子信道比特率和功率,提高传输性能,使得发射功率最小化,则可称为功率最小化准则。

(3)根据已有学者提出的算法,在系统发射功率和传输速率都保持一定的情况下,通过自适应分配使系统的误码率最小化,达到系统性能的提高,典型算法如 Fischer 算法。

本书暂且将此种算法归纳为误比特率性能最优化的准则。

对于研究自适应算法，这里必须首先承认几个假设：

(1)假设发送端已知用户在信道中的实时传输函数。

(2)每个子信道带宽远小于相干带宽。

(3)子信道及比特位分配信息通过独立专用信道发送到接收端。

值得注意的是，所有的比特和功率算法一般都还应遵循这样一个原则：保持实际所用每个子信道的误码率相等，因为只有在这种情况下的功率分配才是最合理的。只有这样整个系统的性能才不至于受性能最差的子信道制约。

根据以上考虑，可提出基于梳状导频的 OFDM 功率分配自适应系统（见图 6－3－14）来实现动态频谱接入。首先，由于主用户不连续地利用频谱资源，很容易产生一些可被二级用户重新利用的频谱空穴，二级用户可插入适当数目的子载波填补这些频谱空穴；其次，当主用户出现时，二级用户可以灵活地切换子载波，从而既不干扰主用户的通信，又能保持自身的通信不中断，自动适应主用户的变化；采用 OFDM 可以提高频谱利用率、抗多径干扰。因此这种高度灵活的自适应和高的频谱利用率使得基于梳状导频的 OFDM 功率分配自适应系统可完美地应用于动态频谱接入的场景中。

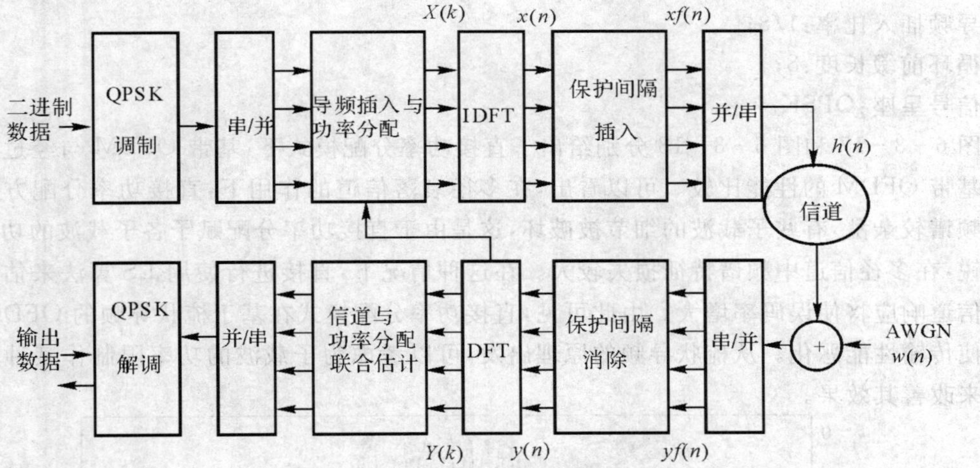

图 6－3－14　基于梳状导频的 OFDM 功率分配自适应系统

在通常情况下，OFDM 信号都要经过时变的多径信道。信道估计必须能够估计出任一时刻所有子载波处的信道响应。OFDM 信号的结构使得能够使用时频二维的估计方法。而无线信道在时域和频域所具有的相关性使得可以只在有限的 OFDM 符号及有限的子载波上放置导频。

可以在特定间隔的 OFDM 符号的所有子载波上放置导频，如图 6－3－15 所示，称为块状的导频放置。也可以在所有的 OFDM 符号中特定的子载波位置放置导频，如图6－3－16所示，称为梳状导频放置。第一种块状导频插入方法适合于信道慢变的情况，即可以认为在一个块的时间间隔内信道是恒定的，可以用判决反馈的方法来进行信道估计。例如在一些 WLAN 的标准中即采用这种方式。第二种梳状导频放置方法既需要估计导频处的信道响应，又要使用内插方法计算出其余频点处的信道响应。这些不同的内插方法可能有：线性内插法、二次内插法、时域内插法、低通 FIR 滤波等方法。在梳状导频放置下各种算法的性能均优于块状导频放置情况下的各种算法，这是因为梳状导频能够较快地追踪信道的变化，因而可得到较好的性能。

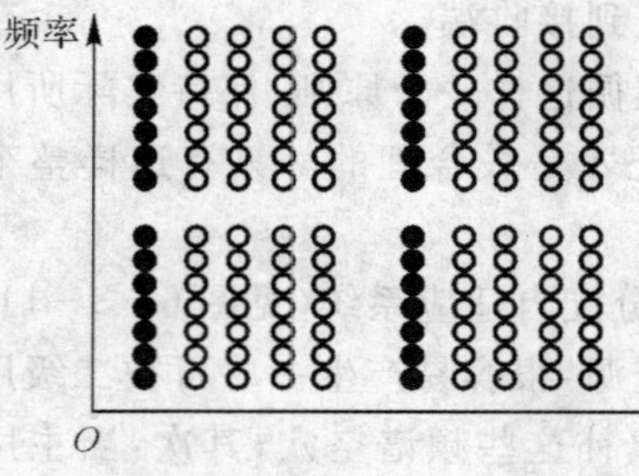

图 6-3-15　块状导频

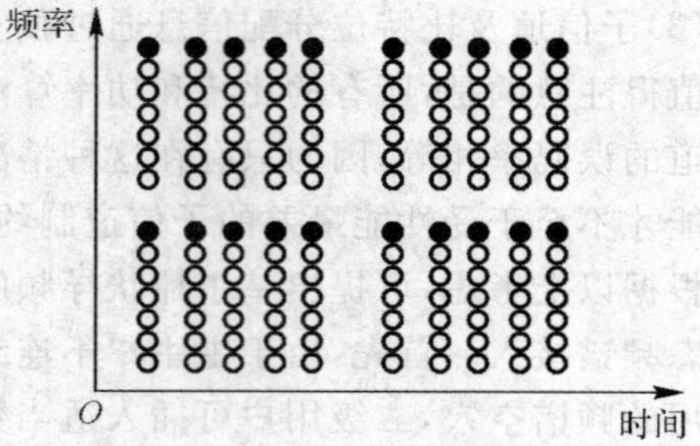

图 6-3-16　梳状导频

假定系统已有了良好的同步且保护间隔大于最大多径时延，从而避免了 ISI 的产生。仿真中用到的 OFDM 系统参数如下：

FFT 长度：128；

导频插入比率：1/8；

循环前缀长度：8；

信号星座：QPSK。

图 6-3-17 和图 6-3-18 分别给出了直接功率分配模式下，基带 OFDM 与经过多径信道的基带 OFDM 的性能比较。可以看出，在多径衰落信道的作用下，直接功率分配方式所得出的频谱较杂乱，有些子载波的细节被破坏，这是由于直接功率分配赋予各子载波的功率限制较尖锐，在多径信道中频谱特征损失较大。在这种情况下，直接进行使用 LS 算法来估计导频处的信道响应将使误码率增大。由此可见，直接功率分配模式在基于梳状导频的 OFDM 系统中会使传输性能恶化。从梳状导频的原理出发，可以考虑为子载波的功率限制作某种形式的平滑来改善其效果。

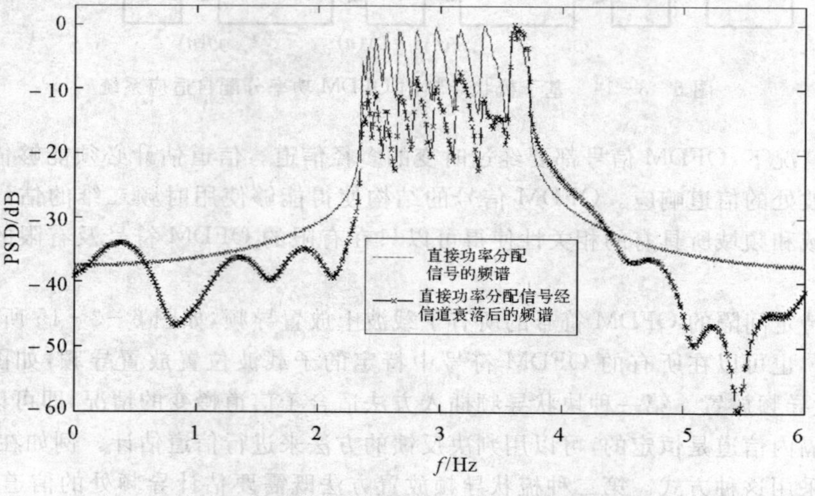

图 6-3-17　直接功率分配模式下 OFDM 原频谱与经多径衰落后频谱比较图

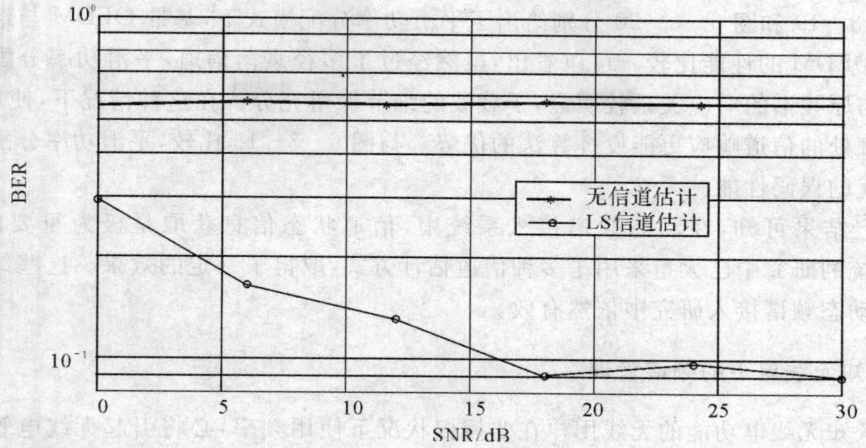

图 6-3-18　直接功率分配模式下 OFDM 原信号与经信道估计后误码率比较图

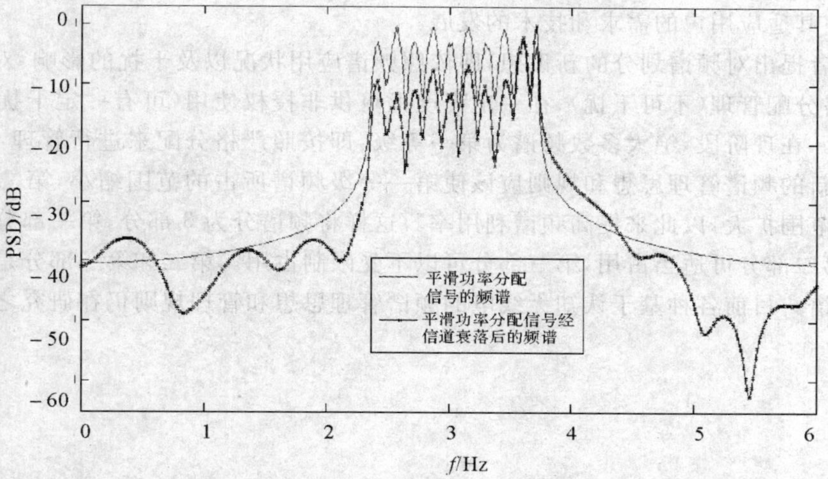

图 6-3-19　平滑功率分配模式下 OFDM 原频谱与经多径衰落后频谱比较图

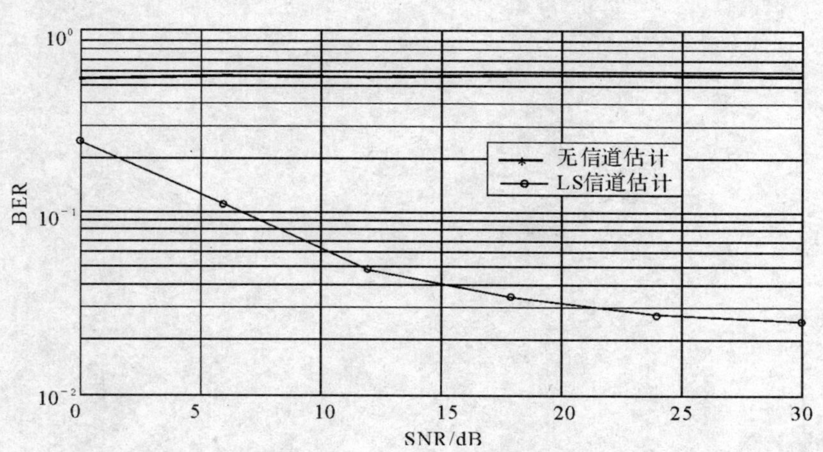

图 6-3-20　平滑功率分配模式下 OFDM 原信号与经信道估计后误码率比较图

图 6-3-19 和图 6-3-20 分别给出了平滑功率分配模式下，基带 OFDM 与经过多径信道的基带 OFDM 的性能比较。可以看出，虽然经过了多径衰落信道，平滑功率分配方式所得出的频谱与原频谱的对应关系较明显，子载波的细节保留充分。在这种情况下，使用 LS 算法来估计导频处的信道响应更能发挥算法的优势。与图 6-3-18 比较，平滑功率分配模式有益于获得更优的误码性能。

由以上结果可知，在动态频谱接入系统中，信道状态信息获取是极为重要的，在之前 OFDM 系统的研究中已大量采用了多种信道估计方式，取得了一定的效果。这些结论在基于 OFDM 的动态频谱接入研究中依然有效。

四、认知无线电下的频谱管理

具有认知无线电功能的无线用户在非授权状况下使用频率，必将引起无线电管理部门的注意，并且必定会力求将这种对频率的使用纳入其管理之下。从提高频谱利用效率的角度出发，不应该压制基于认知功能的非授权频谱使用。好的解决方法是改变频谱管理思想和频谱管理规则，使其适应用户的需求和技术的发展。

有研究者提出对频谱划分的新设想，即依照频谱应用状况以及干扰的影响，对频谱划分 3 个等级：严格分配管理（不可干扰）、在一定程度上可供非授权使用（可有一定干扰）、无限制的非授权使用。在现阶段，绝大多数频谱为第一等级，即按照严格分配来进行管理，因而频谱利用率较低。新的频谱管理思想和规则应该使第一等级频谱所占的范围缩小，第二和第三等级频谱所占的范围扩大，以此来提高频谱利用率。这样将频谱分为 3 部分，第一部分非授权用户不可占用，第二部分可适当占用，第三部分可以不受限制占用。第二和第三部分是认知无线电可利用的频谱。目前各种基于认知无线电的频谱管理思想和管理规则仍在研究之中。

参考文献

[1] 闻映红.天线与电波传播理论.北京:清华大学出版社,2005.

[2] 宋铮.天线与电波传播. 西安:西安电子科技大学出版社,2003.

[3] 郭梯云.数字移动通信.北京:人民邮电出版社,1998.

[4] 中华人民共和国工业和信息化部.中华人民共和国无线电频率划分规定.2004.

[5] Berthold U, Jondral F. Guidelines for designing OFDM overlay systems. in Proc. of the first IEEE Syposium on New Frontiers in Dynamic Spectrum Access Networks, November 2005.

[6] TSE D, Viswanath P. Fundamentals of Wireless Communication. Cambridge University Press, Cambridge:2005.

[7] Zhao Qing, Sadler B M. A survey of dynamic spectrum access: signal processing, networking, and regulatory policy. IEEE Signal Processing Magazine, 2007,55(5): 2294 - 2309.

[8] Wang Peng, Zhao Ming. Power Allocation in OFDM - based Cognitive Radio Systems. IEEE GLOBECOM ,2007.